Wahl

Tesla Energie

Günter Wahl

Tesla Energie

Faszinierende Experimente mit selbstgebauten Teslaspulen

Mit 109 Abbildungen und 16 Farbbildern
3., neubearbeitete Auflage

Franzis'

Die Deutsche Bibliothek – CIP-Einheitsaufnahme

Wahl, Günter:
Tesla-Energie : faszinierende Experimente mit selbstgebauten Teslaspulen / Günter Wahl. - 3., neubearb. Aufl. - Poing : Franzis, 1999
ISBN 3-7723-5495-5

Satz: Journalsatz GmbH, 85586 Poing
Druck: Offsetdruck Heinzelmann, München
Printed in Germany - Imprimé en Allemagne.

ISBN 3-7723-5495-5

Vorwort

Der Buchtitel „TESLA ENERGIE“ wird viele Leser zunächst etwas verunsichern. Was oder wer ist Tesla und was hat der Begriff oder Name mit Energie zu tun. Tesla war ein amerikanischer Forscher und Erfinder jugoslawischer Herkunft, dessen Name in der Physik als Einheit für die magnetische Flussdichte verwendet wird. Dies wissen einige Leser noch aus dem Physikunterricht. Er gilt als Begründer der Drehstromtechnik und hat sich große Verdienste auf dem Gebiet der Hochfrequenztechnik erworben. Er war jedoch nicht nur ein nüchterner Ingenieur und begabter Forscher, sondern gleichzeitig auch ein schöpferischer Visionär mit zukunftsorientierten technischen Ideen. So hat ihn z.B. der Gedanke elektrische Energie weltweit ohne Kabel zu übertragen viele Jahre seines Lebens beschäftigt. Bei der Suche nach einer Lösung dieser Aufgabe erfand er den nach ihm benannten Tesla-Generator bzw. die Tesla-Spule. Obwohl er weit davon entfernt war große Energiemengen drahtlos zu übertragen, sind seine Generatoren in die Physik-Geschichte eingegangen. Die fast magischen Leuchterscheinungen der Teslageneratoren regen noch heute die Fantasie der Menschen an und geben auch in der modernen Zeit noch viele Impulse für weiterführende Versuche. Nicht zuletzt aus diesem Grund wäre es bedauerlich wenn Tesla mit seinen fantastischen Experimenten in Vergessenheit geraten würde.

Die in diesem Buch gezeigten Tesla-Generatoren sind natürlich nur ein schwacher Abklatsch der von Tesla gebauten Generatoren. So hat er auf der Spitze eines Sendeturms eine Kupferhohlkugel von 1 Meter Durchmesser anbringen lassen. Gewaltige flammenförmige Blitze von bis zu 30 Meter Länge loderten aus der Metallkugel. Schlängelnde, armdicke Flammenarme von Millionen Volt züngelten in den Nachthimmel. Er war der Überzeugung, wenn er seinen Generator den elektrischen Konstanten und Eigenschaften der Erde anpassen würde, daß er dann drahtlos und effektiv Energie über Ozeane übertragen könnte. Er war so ergriffen von seinen Ideen, daß er ins Schwärmen kam und dem Menschen eine große Zukunft voraussagte:

> *„Was hat die Zukunft für dieses seltsame Wesen, den Menschen, aus einem Atemzug geboren, aus vergänglichem Stoff, jedoch unsterblich durch seine zugleich furchtbare und göttliche Macht, noch aufbewahrt? Welches Wunderwerk wird er schließlich noch schmieden? Welches wird seine größte Tat, seine Krönung sein?*
>
> *Schon lange vorher hat der Mensch erkannt, daß alle wahrnehmbare Materie von einer Grundsubstanz kommt, einem hauchdünnen Etwas, die jenseits jeder Vorstellung den ganzen Raum erfüllt, dem Akasa oder lichttragenden Äther, auf den die lebensspendende Prana oder schöpferische Kraft einwirkt, die in nie endenden Schwingungen alle Dinge und Erscheinungen ins Dasein ruft. Die Grundsubstanz, mit unerhörter Geschwindigkeit in nicht endenden Wirbeln herumgeschleudert, wird zur festen Materie; wenn die Kraft abnimmt, hört die Bewegung auf und die Materie verschwindet wieder und verwandelt sich in die Grundsubstanz zurück.*
>
> *Kann der Mensch diesen großartigen, furchterregenden Prozeß in der Natur lenken? Kann er ihre unerschöpflichen Energien bändigen und sie nach seinem Geheiß alle Funktionen ausüben, ja noch mehr, sie einfach durch die Kraft seines Willens arbeiten lassen?*
>
> *Wenn er dies könnte, hätte er fast unbegrenzte und übernatürliche Kräfte. Mit geringer Anstrengung von seiner Seite würden auf seinen Befehl alle Welten verschwinden und neue, von ihm ersonnene, ins Leben gerufen werden. Er könnte die Luftgebilde seiner Phantasie, die verschwommenen Visionen seiner Träume festigen, sie verdichten und bewahren. Er könnte alle Schöpfungen seines Geistes in jedem beliebigen Maßstab in festen und unvergänglichen Formen festhalten. Er könnte die Größe eines Planeten verändern, auf seine Jahreszeiten Einfluß nehmen und ihn auf jeden von ihm gewählten Weg durch die Weiten des Weltalls führen. Er könnte Planeten zusammenstoßen lassen und seine eigenen Sonnen und Sterne, seine Wärme und sein Licht erzeugen. Er könnte Leben in all seinen undendlich vielen Formen erwecken und entwickeln. Die Schaffung und Vernich-*

tung stofflicher Substanz und ihre Umwandlung in von ihm gewünschte Formen wäre der erhabenste Ausdruck der Macht des menschlichen Geistes, sein vollständigster Triumpf über die sinnlich wahrnehmbare Welt, das krönende Werk, das ihn seine letzte Bestimmung erfüllen lassen würde.

Inhalt

1 Hochspannungsquellen

1.1 Hochspannungstransformatoren

Wer sich mit Tesla-Generatoren beschäftigen will, kommt um ein gewisses Grundlagenwissen über Hochspannungsquellen nicht herum. Eine gute Hochspannungsquelle ist Voraussetzung für erfolgreiche Tesla-Versuche. Die einfachste Hochspannungsquelle und die meist wirksamste, aber auch gefährlichste ist der netzgespeiste Hochspannungs-Transformator. Hochspannungs-Transformatoren werden in der Technik in vielfältiger Form eingesetzt. Für Tesla-Versuche am besten zu gebrauchen sind:

- Ölheizungszündtransformatoren
- Neonröhren-Transformatoren
- Ionisierungs-Transformatoren aus Kopiergeräten
- Transformatoren aus Röntgengeräten
- Transformatoren aus Röhrensendern.

Meistens besteht nur ein realer Zugriff auf die beiden erstgenannten Typen, wobei sich auch deren Beschaffung als äußerst umständlich erweisen kann. Wichtig ist vor allem, daß der Transformator mindestens 5000 V und 20 mA Strom bereitstellen kann. Gleichgültig welcher Herkunft sollte auch darauf

Abb. 1: 6 kV/20 mA-Hochspannungstrafo

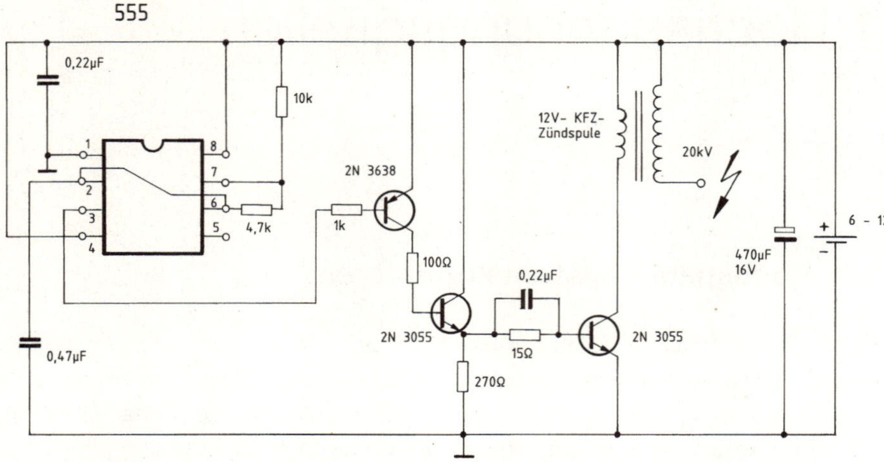

Abb. 2: Batteriebetriebener Hochspannungs-Impulsgenerator mit Kfz-Zündspule bis 20 kV

geachtet werden, daß der Trafo eine getrennte Hochspannungs-Sekundärwicklung aufweist, welche die 220 V-Netzspannung vom Sekundärkreis fernhält. *Abb. 1* zeigt einen 6 kV/20 mA Hochspannungstrafo, der aus einem alten Kopiergerät ausgebaut wurde. Der Trafo ist voll vergossen und verfügt über hervorragende Isolationseigenschaften. Wer trotzdem nicht am 220 V-Netz arbeiten will, kann auf eine Vielzahl Hochspannungs-Impulsgeneratorschaltungen mit Batteriebetrieb zurückgreifen.

In den nächsten Abschnitten werden eine Reihe batterie- und netzbetriebener Hochspannungs-Impulsgeneratoren vorgestellt, die sich unter anderem auch für Tesla-Versuche eignen.

Abb. 3:
12 V-Kfz-Zündspule

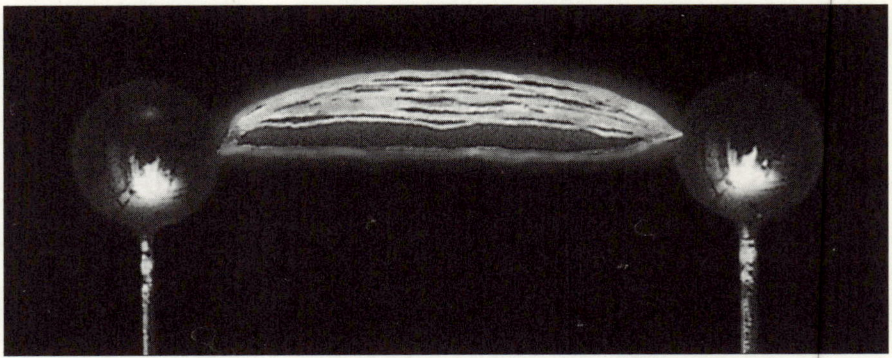

Abb. 4: Funkenüberschlag zwischen zwei kugelförmigen Elektroden

1.2 Batteriebetriebener Hochspannungs-Impulsgenerator mit Kfz-Zündspule bis 20 kV

Die Schaltung in *Abb. 2* arbeitet mit einer alten 12 V-Kfz-Zündspule, wie sie für ein paar Mark auf jedem Autofriedhof zu bekommen ist. *Abb. 3* zeigt ein Foto einer 12 V-Kfz-Zündspule. Bei Betrieb mit einer kräftigen 12 V-Batterie ist die Ausgangsspannung so hoch, daß eine Funkenstrecke von 25 mm Länge durchschlagen wird.

Der Zeitgeberbaustein 555 arbeitet in dieser Schaltung als Impulsgenerator. Der Ausgang des IC's führt auf den PNP-Treiber-Transistor 2N3638. Über den anschließend als Ermitterfolger geschalteten 2N3055 wird der Endstufentransistor angesteuert, in dessen Kollektorkreis die Primärwicklung der Kfz-Zündspule liegt. Die Impulsfrequenz des 555 wird durch den 10 k/4,7 k-Spannungsteiler und den 0,47 µF-Kondensator bestimmt.

Abb. 4 zeigt den Funkenüberschlag zwischen zwei kugelförmigen Elektroden.

1.3 Netzbetriebener Hochspannungs-Impulsgenerator

Die Schaltung in *Abb. 5* arbeitet mit 48 V Sekundärspannung (2 x 24 V). Die Wechselspannung wird mit der 1N4003-Diode gleichgerichtet. Über den Strombegrenzungswiderstand 100 Ω/5 W wird der 10 µF-Metallpapierkondensator (MP-Kondensator) aufgeladen. Sobald die Spannung am Abgriff des 10 kΩ-Potentiometers die 8,6 V-Zenerspannung erreicht, beginnt der 2N2222-Transistor leitend zu werden. Damit beginnt Strom über die Basis-

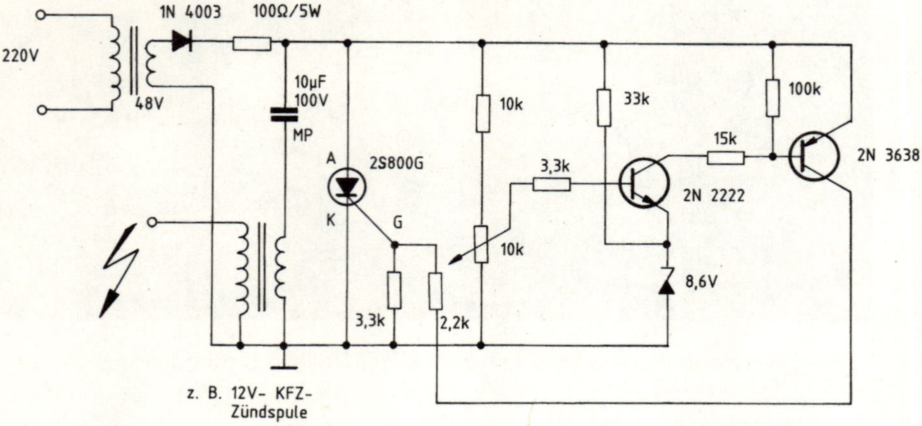

Abb. 5: Netzbetriebener Hochspannungs-Impulsgenerator

Emitter-Strecke des 2N3638 zu fließen. Der 2N3638 schaltet durch und legt die positive Versorgungsspannung an das Gate des Thyristors. Der Thyristor wird leitfähig und ermöglicht damit dem 10 µF-Kondensator sich über die Primärspule des Hochspannungs-Transistors zu entladen. Der Entladestromstoß wird entsprechend hochtransformiert, sodaß auf der Sekundärseite ein Hochspannungsimpuls entsteht. Der Spitzenwert des Hochspannungsimpulses hängt von der Größe des MP-Kondensators (in diesem Beispiel 10 µF), der Ladespannung an diesem Kondensator und dem Übersetzungsverhältnis der Zündspule ab.

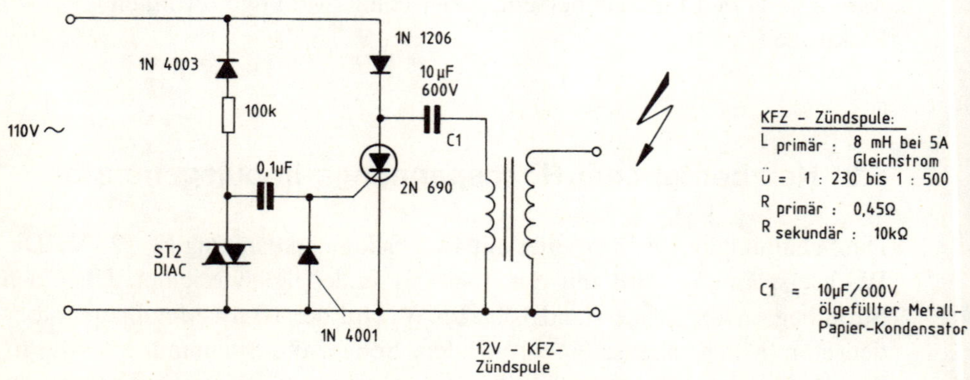

Abb. 6: Einfacher netzbetriebener Hochspannungs-Impulsgenerator

Die Frequenz- bzw. Impulswiederholrate der Hochspannungsimpulse ist ebenfalls vom Wert des MP-Kondensators, dem Ladewiderstand (in diesem Beispiel 100Ω/5W) sowie vom Widerstand der Primär- und Sekundärwicklung abhängig. Je kleiner die einzelnen Werte, desto höher wird die Impulswiederholfrequenz.

1.4 Einfacher netzbetriebener Hochspannungs-Impulsgenerator

In *Abb. 6* wird ein noch einfacherer Hochspannungs-Impulsgenerator gezeigt, der mit einem 110V-Vorschalttrafo betrieben werden kann. Die Schaltung arbeitet wieder nach dem Kondensatorentladeprinzip mit einer Kfz-Zündspule.

Während der positiven Halbwelle wird über die 1N1206-Diode der 10 µF-Kondensator aufgeladen. Während der Ladezeit ist der Thyristor und die Triggerschaltung außer Betrieb. Während der negativen Halbwelle wird der 0,1 µF-Kondensator solange aufgeladen, bis der Diac die Triggerschwelle

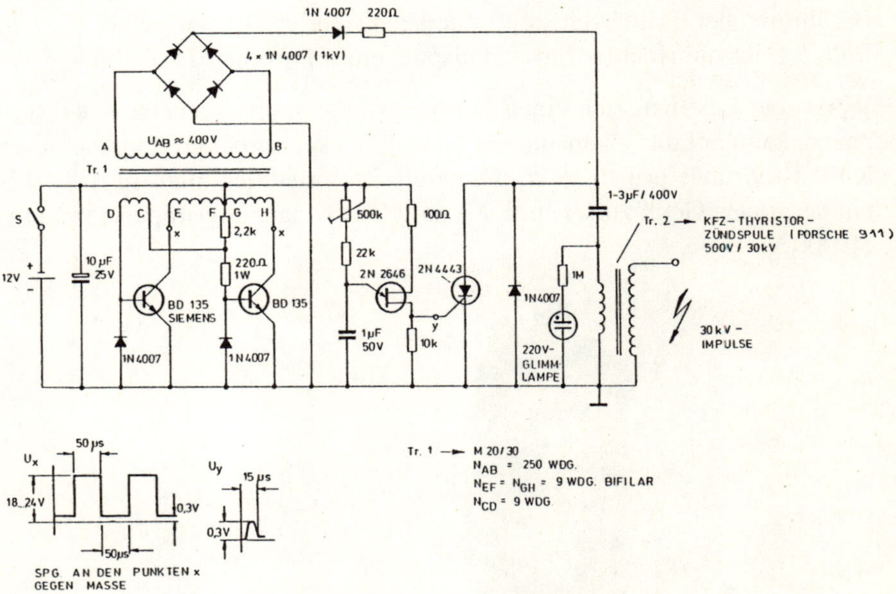

Abb. 7: Batteriebetriebener Hochspannungs-Impulsgenerator mit Hochspannungs-Kfz-Zündspule

erreicht und leitfähig wird. Nun entlädt sich der 0,1 µF-Kondensator über den Diac und das Thyristorgate. Der Thyristor schaltet durch und entlädt den 10 µF-Kondensator über die Primärwicklung der Zündspule. Der Lade- und Entladezyklus wiederholt sich mit jeder positiven und negativen Halbwelle. Da der 10 µF-Kondensator durch Lade- und Entladevorgänge stark beansprucht wird, empfiehlt sich für Dauerbetrieb ein leistungsfähiger ölgefüllter MP-Kondensator.

1.5 Batteriebetriebener Hochspannungs-Impulsgenerator mit Hochspannungs-Kfz-Zündspule

Mit der Schaltung in *Abb. 7* ist Batteriebetrieb möglich. Die Spannung für den Ladekondensator wird mittels eines Spannungswandlers erzeugt. Ein kleiner Oszillator mit dem Unijunktion-Transistor 2N2646 sorgt für die impulsweise Ansteuerung des Thyristors. An der Glimmlampe können die Entladeimpulse des Kondensators beobachtet werden.

Durch die Verwendung einer Hochspannungs-Kfz-Zündspule, wie sie bei Hochleistungszündanlagen (z. B. bei Porsche 911) üblich sind, werden sehr energiereiche Hochspannungsimpulse erzeugt. Dies bedeutet, daß auch bei Berührung der Primärseite der Zündspule bereits Lebensgefahr besteht. *Abb. 8* zeigt die Hochleistungszündspule eines Porsche 911 Turbo.

Wer keine Lust hat, sich einen Hochspannungs-Impulsgenerator selbst zu bauen, kann auf die sogenannten Elektroschocker zurückgreifen, die in vielen Ausführungsformen in Waffengeschäften erhältlich sind. In *Abb. 9* ist ein derartiges Gerät zu sehen. Es erzeugt Hochspannungsimpulse mit etwa 50 000 V.

Abb. 8: Hochleistungszündspule von Porsche 911 Turbo

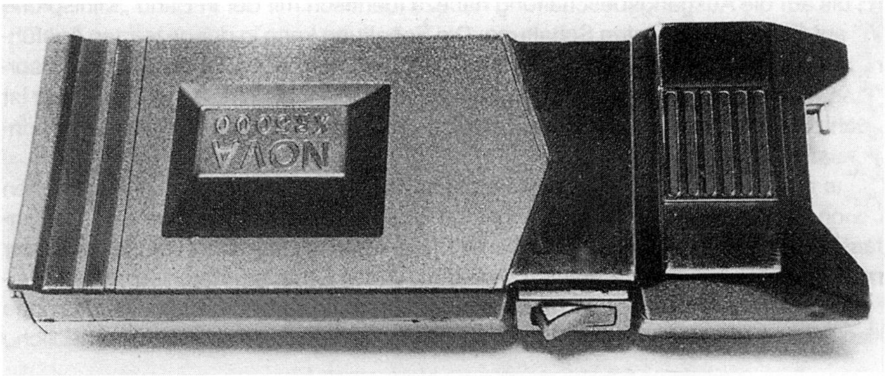

Abb. 9: Elektroschocker als Hochspannungs-Impulsgenerator

1.6 Batteriebetriebener Hochspannungs-Impulsgenerator mit Darlington-Endstufentransistor

Diese Schaltung in *Abb. 10* arbeitet wieder mit einer normalen Kfz-Zündspule und erzeugt damit Hochspannungsimpulse bis zu 30 kV. Die beiden Transistoren 2N3904 und 2N3906 sind als astabiler Multivibrator geschaltet. Mit dem 2,5 M-Potentiometer kann die Impulswiederholfrequenz eingestellt werden. Der Widerstand R sollte so dimensioniert werden, daß sich

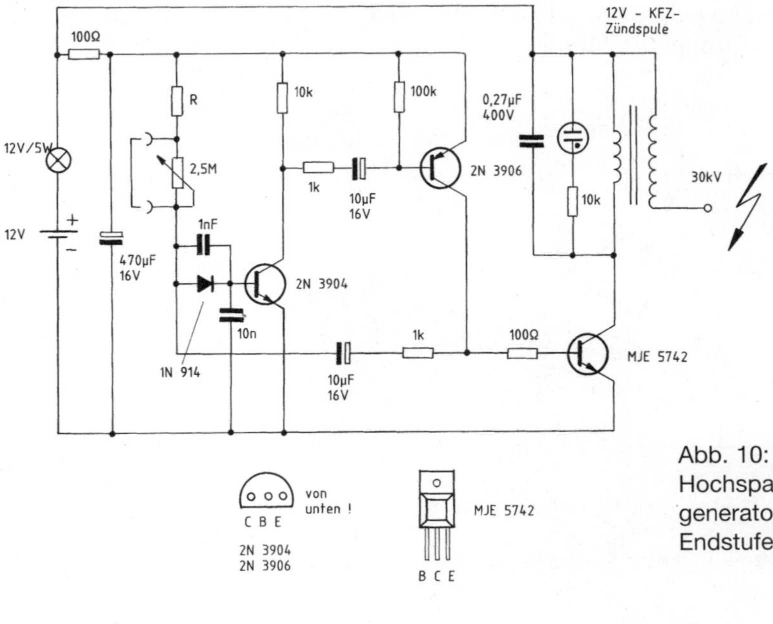

Abb. 10: Batteriebetriebener Hochspannungs-Impulsgenerator mit Darlington-Endstufentransistor

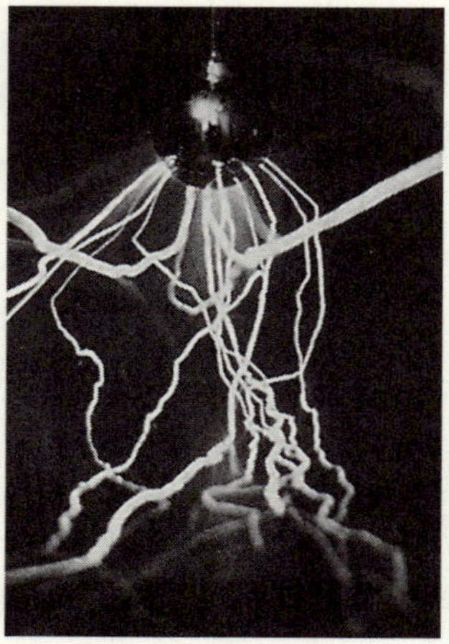

Abb: 11: Funkenüberschläge von einer kugelförmigen Elektrode auf eine flächenförmige Elektrode

eine maximale Impulswiederholfrequenz von 20 Hz einstellen läßt.
Die 12 V-Kfz-Lampe dient als Strombegrenzer. Falls nur eine fest eingestellte Impusfrequenz gewünscht wird, kann das 2,5 M-Potentiometer auch kurzgeschlossen und ein entsprechender Festwiderstand R, wie z. B. 1 M vorgesehen werden.

Der Endstufenschalttransistor ist ein Darlington-Transistor mit 800 V Kollektor-Emitter-Spannungsfestigkeit. Die Glimmlampe dient zur Funktionsanzeige.

Abb. 11 zeigt Funkenüberschläge von einer kugelförmigen Elektrode auf eine flächenförmige Elektrode.

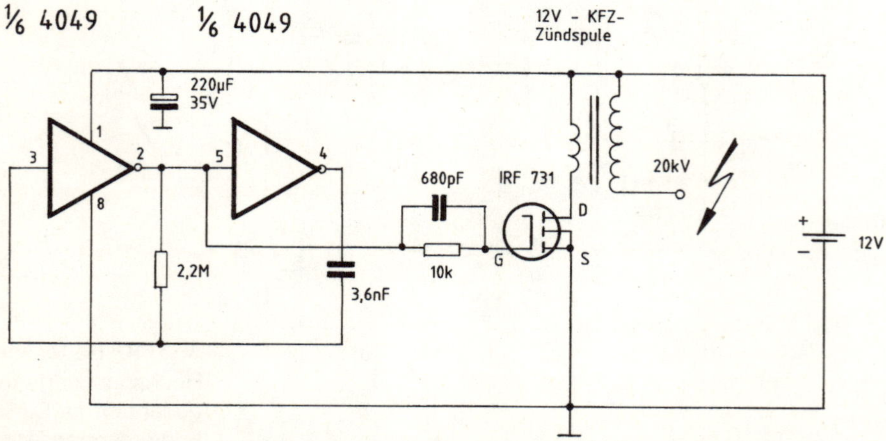

Abb. 12: Batteriebetriebener Hochspannungs-Impulsgenerator mit MOS-Endstufentransistor

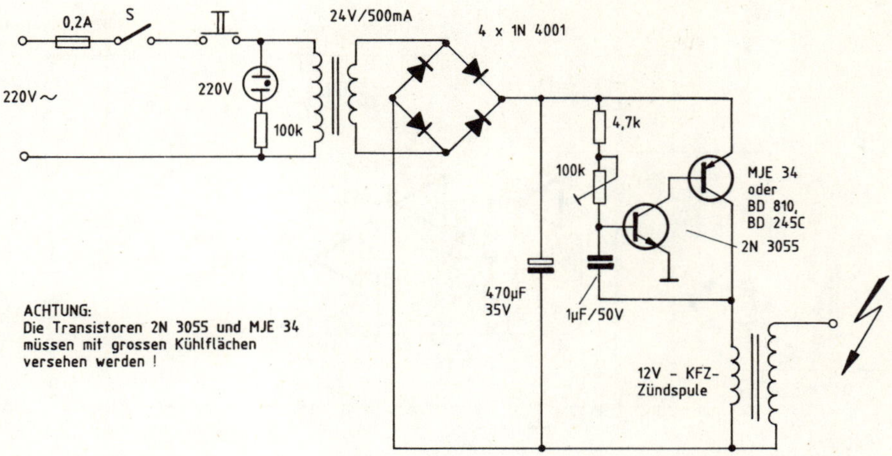

Abb. 13: Netzbetriebener Hochspannungs-Impulsgenerator (Version 1)

1.7 Batteriebetriebener Hochspannungs-Impulsgenerator mit MOS-Endstufentransistor

Eine sehr einfache batteriebetriebene Impulsgeneratorschaltung ist in *Abb. 12* dargestellt. Der 6-fach-CMOS-Inverterbaustein 4049 arbeitet als astabiler Multivibrator. Der Endstufentransistor sollte nur mit Kühlkörper betrieben werden. Die Hochspannungsimpulse werden wieder mit einer 12 V-Kfz-Zündspule erzeugt.

1.8 Netzbetriebener Hochspannungs-Impulsgenerator (Version 1)

Der Generator in *Abb. 13* wurde ursprünglich zur Erzeugung von Kirlian-Fotos entwickelt. Obwohl die Kirlian-Fotografie nicht Gegenstand dieses Buches ist, soll kurz erklärt werden, worum es dabei geht. Mit der Kirlian-Fotografie können zauberhaft schöne Fotos von den meisten gebräuchlichen Objekten gemacht werden. Hierfür ist weder eine Kamera noch eine Linse erforderlich. Die Fotos sind direkte Kontaktabdrücke auf Film oder Papier, unter Verwendung einer hochfrequenten Hochspannungsquelle, wie in *Abb. 13* angegeben.

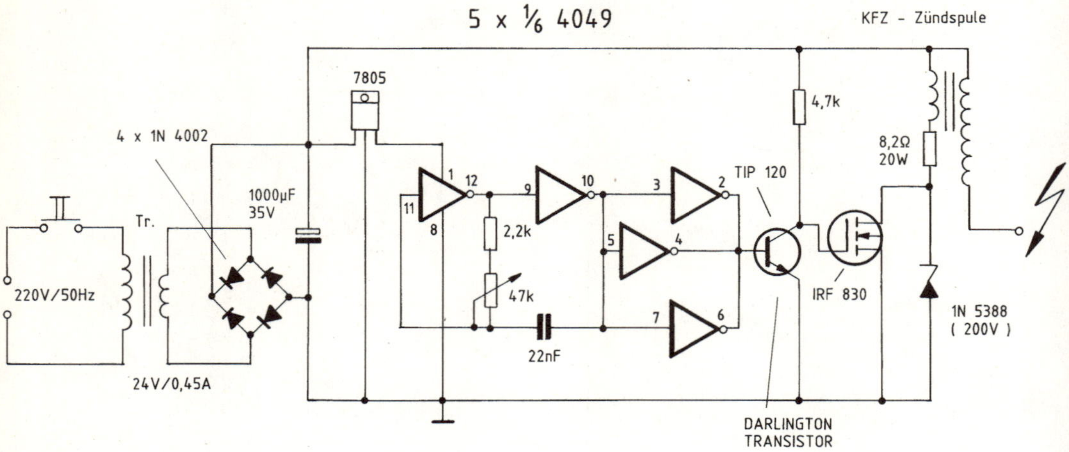

Abb. 14: Netzbetriebener Hochspannungs-Impulsgenerator (Version 2)

Die Kirlian-Fotografie wurde von einem russischen Wissenschaftler namens Semyon Kirlian erfunden. Bekannt geworden ist diese Technik durch ein 1970 erschienenes Buch unter dem Titel „Psychische Entdeckungen hinter dem eisernen Vorhang“ von Sheila Ostrander und Lynn Schroeder. Kirlian behauptete, daß sich diese Fototechnik als medizinisches Diagnosewerkzeug eignet.

Die auf den Fotos sichtbaren Entladungsmuster ändern sich angeblich in Abhängigkeit beginnender oder bestehender Krankheiten. Als besonderes Phänomen gilt das „Phantom-Blatt“, bei dem vor dem Fotografieren ein Teil abgerissen wurde. Merkwürdigerweise erscheint auf dem Foto jedoch auch der abgerissene Teil des Blattes. Allerdings ist Kirlian nicht der erste, der Beobachtungen mit elektrischen Entladungen machte. Ende des 17. Jahrhunderts soll Christoph Lichtenberg erste elektrophotografische Versuche gemacht haben, indem er elektrische Entladungen auf Stauboberflächen beobachtete.

Doch nun zurück zur Schaltung in *Abb. 13*. Die Schwingschaltung mit den beiden Leistungstransistoren kann mit dem 20 kΩ-Trimmer frequenzmäßig justiert werden. Als Hochspannungstrafo findet wieder eine Standard-12 V-Kfz-Zündspule Verwendung. Da die Leistungstransistoren ziemlich heiß werden, sind entsprechende Kühlflächen vorzusehen.

1.9 Netzbetriebener Hochspannungs-Impulsgenerator (Version 2)

Der Hochspannungsgenerator in *Abb. 14* wurde ursprünglich ebenfalls für die Anwendung in der Kirlian-Fotografie entwickelt. Mit der stabilisierten 5 V-Spannung aus dem 7805-Spannungsregler-IC wird ein Rechteckgenerator betrieben. Die Ausgangsspannung wird über 3 parallel geschaltete 4049-Gatter auf die Basis eines NPN-Darlington-Transistors gegeben. Der darauf folgende MOSFET-Leistungstransistor steuert schließlich wieder über einen 8.2 Ω-Schutzwiderstand eine Kfz-Zündspule an. Als Durchbruchschutz ist der Drain-Source-Strecke eine 200 V-Zenerdiode parallel geschaltet. Statt mit einem Netzteil kann die Schaltung natürlich auch mit zwei kräftigen seriell geschalteten 12V-NC-Akkus betrieben werden.

1.10 Netzbetriebener Hochspannungs-Impulsgenerator (Version 3)

Die Schaltung in *Abb. 15* eignet sich bei einer Impulsausgangsspannung von 40 kV gut zur Ansteuerung von Tesla-Spulen. Auf die Tesla-Spannungserzeugung wird jedoch erst an späterer Stelle eingegangen.

Die Schaltung enthält zur Impulserzeugung das Timer-IC 555. Mit dem 100 kΩ-Trimmer kann die Impulsfolgefrequenz variiert werden. Die Kfz-Zündspule liefert bei niedrigen Frequenzen die größte Ausgangsspannung. Bei 250 Hz und darunter sind bis zu 40 kV erzielbar. Bei hoher Impulsfrequenz geht die Ausgangsspannung beträchtlich in die Knie. Das gleiche gilt für

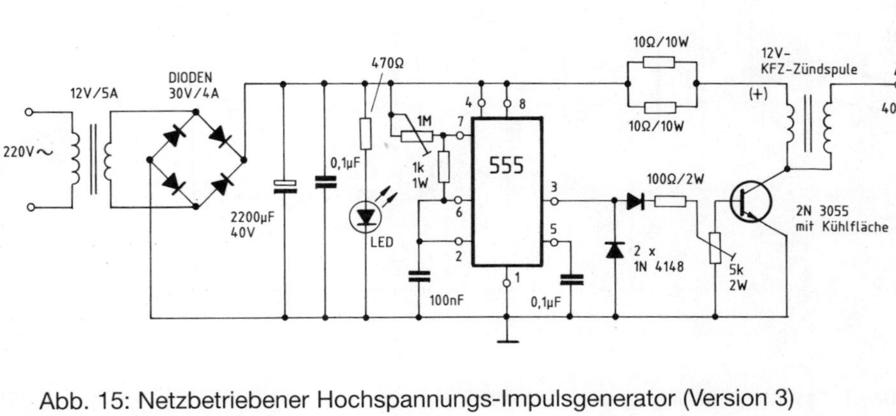

Abb. 15: Netzbetriebener Hochspannungs-Impulsgenerator (Version 3)

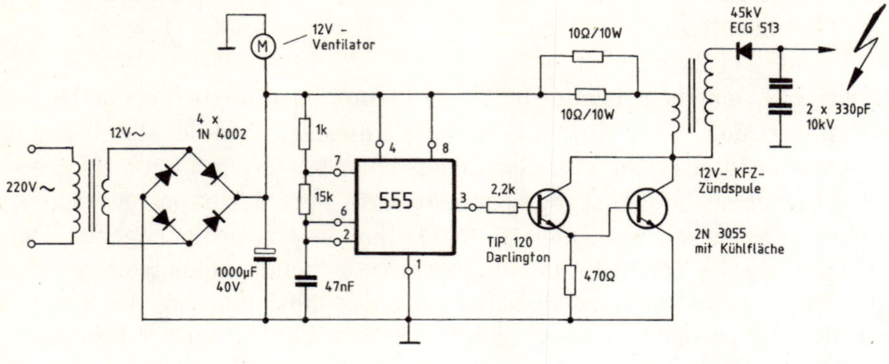

Abb. 16: Hochspannungsquelle (Version 1)

sehr niedrige Frequenzen. Mit dem 5 kΩ-Trimmer an der Basis des 2N3055 kann ebenfalls auf die Höhe der Ausgangsspannung Einfluß genommen werden. Bei voller Ansteuerung werden die Funkenüberschläge stärker. Grundsätzlich gilt: Je länger und dicker der Funkenüberschlag, je höher ist die Ausgangsspannung. Dabei ist zu beachten, daß die Schlagweite bei Nadelelektroden größer als bei Kugelelektroden ist.

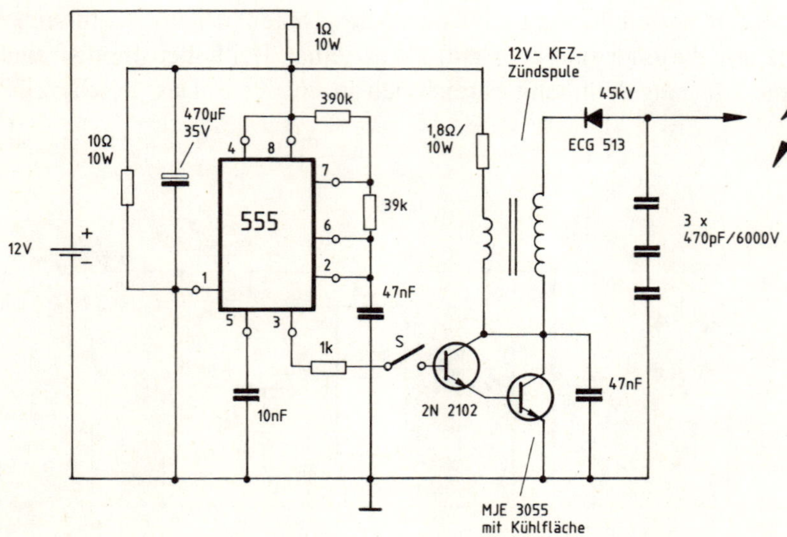

Abb. 17: Hochspannungsquelle (Version 2)

1.11 Hochspannungsquelle (Version 1)

Die in *Abb. 16* gezeigte Schaltung arbeitet wieder mit dem Timer-Baustein 555 und zwei Transistoren, von denen der erste eine Darlington-Type ist. Da die Schaltung zur Ionen-Erzeugung konzipiert wurde, enthält sie am Ausgang einen Hochspannungsgleichrichter mit zwei 330 pf Ladekondensatoren. Der Hochspannungsausgang führt entweder auf eine oder mehrere Nadelspitzen. Die Nadelspitzen geben dann negative Ladung bzw. Elektronen an die umgebende Luft ab. Gute Ergebnisse werden auch mit Stahlwolle statt Nadelspitzen erzielt. Ein kleiner 12 V-Ventilator verteilt die dabei entstehenden Ionen im Luftraum. Durch die Ladekondensatoren am Hochspannungsausgang ist besondere Vorsicht geboten. Durch die größere Strommenge bei fahrlässiger Berührung ist das Risiko eines tödlichen Ausgangs wesentlich größer.

1.12 Hochspannungsquelle (Version 2)

Die Schaltung in *Abb. 17* unterscheidet sich nur unwesentlich von der Schaltung in *Abb.16*. Der Hochspannungsgleichrichter sowie Hochspannungskabelmaterial kann bei der Firma Bürklin in München, Schillerstraße

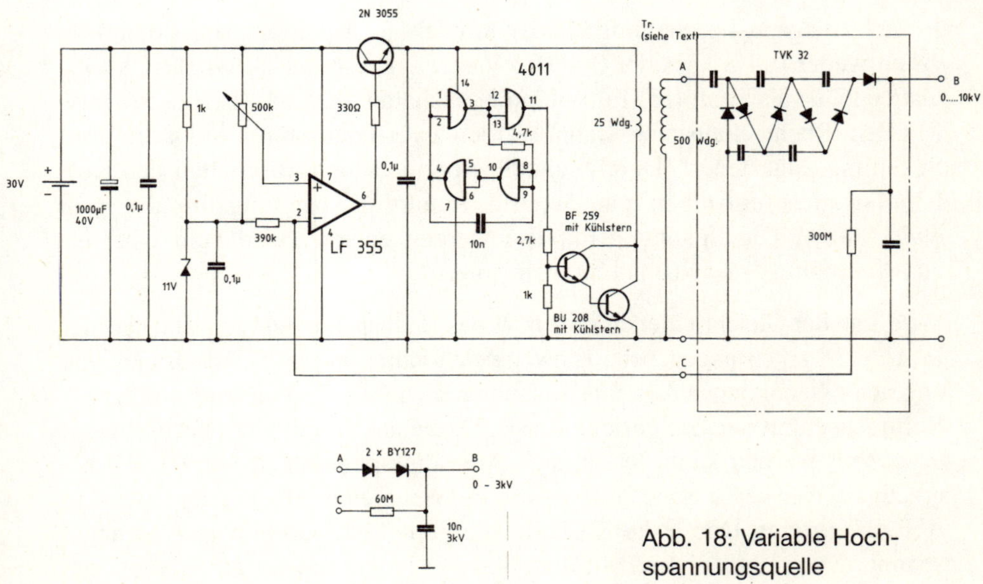

Abb. 18: Variable Hochspannungsquelle

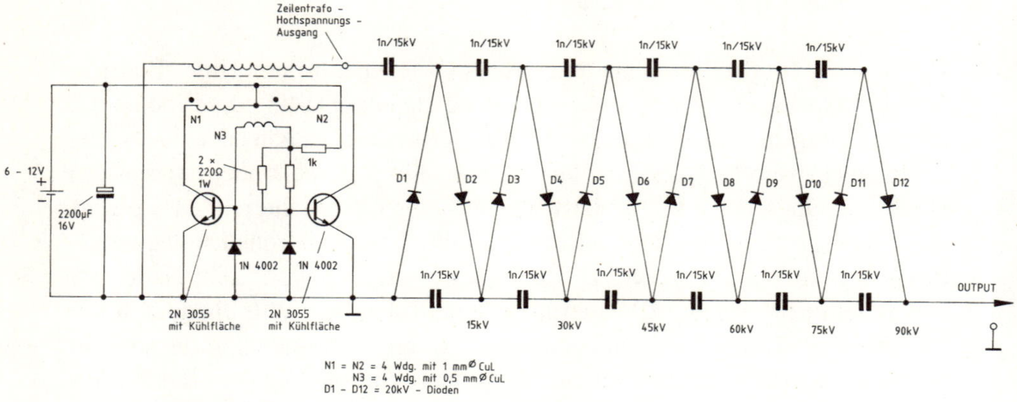

Abb. 19: Hochspannungskaskade für 90 kV

bezogen werden. (Katalog anfordern) Interessante Restposten im Hochspannungsbereich hat auch die Firma Hartnagel, die ebenfalls in der Schillerstraße zuhause ist.

1.13 Variable Hochspannungsquelle

Je nach Ausgangsbeschaltung können mit der Hochspannungsquelle in *Abb. 18* entweder 0 – 3 kV oder 0 – 10 kV erzeugt werden. Das 4011-CMOS-Gatter-IC ist als astabiler Multivibrator geschaltet, der auf 20 kHz schwingt. Mit dem Rechteckausgangssignal werden zwei Transistoren in Darlington-Schaltung angesteuert. Durch schnelles periodisches Abschalten des Kollektorstromes entstehen primärseitig Induktionsspannungsimpulse von etwa 300 V. Die Spannungsimpulse werden entsprechend dem Übersetzungsverhältnis (ü = 40) hochtransformiert.

Wird statt der Gleichrichterkaskade bzw. des Hochspannungsvervielfachers der in *Abb. 18* unten angegebene Einweggleichrichter an der Sekundärwicklung angeschlossen, können Ausgangsspannungen von 0 – 3 kV erzeugt werden.
Beim Anschluß der Gleichrichterkaskade, die aus einem alten Fernsehgerät ausgebaut werden kann, lassen sich Ausgangsspannungen von 0 – 10 kV erzeugen. Der vergossene Aufbau von Fernsehgleichrichterkaskade wird in *Abb. 21* gezeigt. Durch die Kaskade kann eine dreifach höhere Ausgangsspannung erzeugt werden. Mit dem 500 kΩ-Potentiometer am Operationsverstärker LF 355 kann die Ausgangsspannung auf den gewünschten Wert

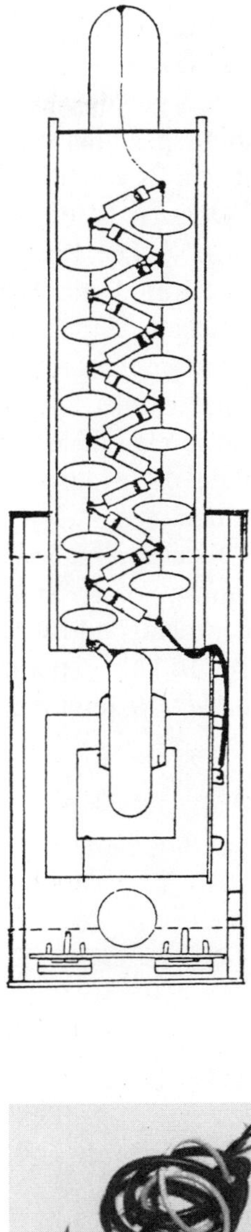

Abb. 20: Empfohlener mechanischer Aufbau für die 90 kV-Hochspannungskaskade

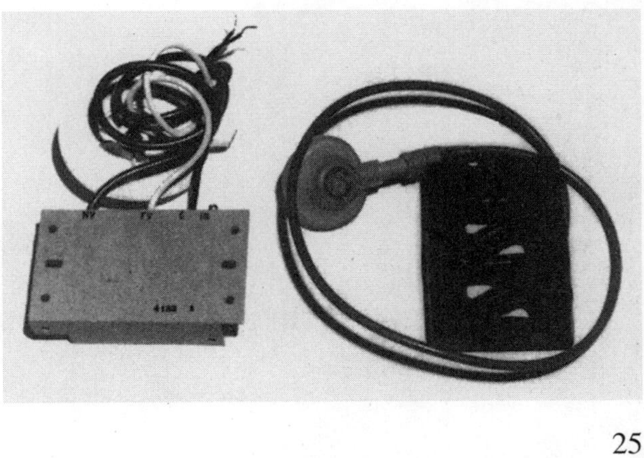

Abb. 21: Fernsehgleichrichter-Kaskaden

eingestellt werden. Zu diesem Zweck vergleicht der Operationsverstärker die an Pin 3 liegende Spannung mit der des Spannungsteilers aus 60 MΩ und 390 kΩ bzw. 300 MΩ und 390 kΩ.
Wenn die Ausgangsspannung über den gewünschten Wert steigt, regelt der LF 355 über den 2 N 3055 die Betriebsspannung der Darlington-Transistoren herunter. Der Trafo ist relativ unkritisch. Es können EI oder Schalenkerne mit etwa 30 mm$^{\varnothing}$ verwendet werden. Optimal ist ein Kern ohne Luftspalt mit einem A_L-Wert nicht unter 2000 nH/N^2. Die Primärwicklung wird mit 25 Windungen Kupferlackdraht von 0,7... 1 mm$^{\varnothing}$, die Sekundärwicklung mit 500 Windungen von 0,2... 0,3 mm$^{\varnothing}$ gewickelt. Um Durchschläge zu vermeiden, muß die Primär- und die Sekundärwicklung gegenseitig gut voneinander isoliert sein. Am besten wird ein Doppelkammer-Spulenkörper verwendet. Zur Vermeidung von Spannungsüberschlägen bei nicht eingegossenen Widerständen (60 MΩ bzw. 300 MΩ) sollten diese aus hintereinandergeschalteten 10 MΩ-Widerständen aufgebaut werden.
Der Betriebsstrom liegt bei einer Leistungsabgabe von 0 – 3 Watt zwischen 50 und 350 mA. Die Schaltung stammt von E. Stöhr und ist von 0 Volt an einstellbar. Sie eignet sich somit hervorragend für Hochspannungs-Experimente. Wer mit Hochspannungen bis 100 kV experimentieren will, findet in *Abb. 19* eine geeignete Schaltung. *Abb. 20* zeigt den empfohlenen Aufbau.

2 Einführung in die Grundlagen der Tesla-Spannungserzeugung

Tesla-Spannungen, also hochfrequente Hochspannungen lassen sich nur mit Hochspannungs-Impulsgeneratoren bzw. Hochspannungs-Transformatoren erzeugen. Als Hochspannungserzeuger sind folgende Vorrichtungen gebräuchlich:

- Funkeninduktoren
- am 220 V-Netz betriebene Hochspannungs-Transformatoren
- batteriebetriebene Hochspannungs-Impulsgeneratoren.

Alle drei Arten der Hochspannungserzeugung sind gefährlich. Am gefährlichsten sind jedoch die am 220 V-Netz betriebenen Hochspannungs-Impulstransformatoren.

Beim Experimentieren sollten deshalb Turnschuhe getragen werden. Zusätzlichen Schutz bietet eine Gummimatte, die am Fußboden ausgerollt wird. Weitere Sicherheit ist dadurch gewährleistet, daß man eine Hand in der Hosentasche hält. Für Demonstrationszwecke im Physikunterricht wird immer noch der Funkeninduktor verwendet.

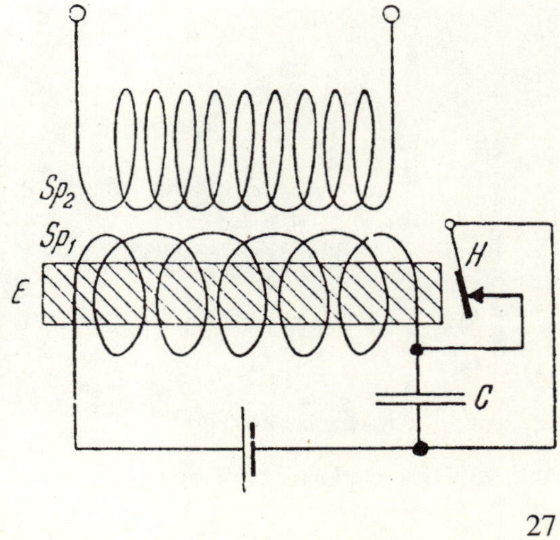

Abb. 22: Aufbau eines Funkeninduktors

2.1 Der Funkeninduktor

Ein Funkeninduktor dient dazu mit Hilfe einer Batterie- bzw. Gleichspannung eine sehr viel höhere Spannung zu erzeugen. Er besteht entsprechend *Abb. 20* aus einer Primärspule Sp 1, aus dickem Draht, die auf einen Weicheisenkern E gewickelt ist, und einer sie umgebenden Sekundärspule Sp 2 aus sehr viel mehr Windungen (in *Abb. 22* ist die Spule Sp 2 der Deutlichkeit halber neben die Spule Sp 1 gezeichnet). An der Primärspule Sp 1 liegt die Gleichstromquelle, die über den Wagner'schen Hammer H mit ihr verbunden ist. Dieser ist ein federnder Kontakt mit einem vor dem einen Ende des Eisenkerns befindlichen Stück Eisen. Er ist geschlossen, solange der Eisenkern nicht magnetisiert ist. Sobald in der Primärspule ein Strom fließt und den Eisenkern magnetisiert, sodaß dieser das Eisenstück anzieht, öffnet sich der Kontakt und der Strom wird unterbrochen. So öffnet und schließt sich der Kontakt in einer sehr schnellen, durch die Schwingungsfrequenz der Feder bedingten Folge. Bei jedem Stromschluß und bei jeder Stromöffnung wird eine hohe Spannung zwischen den Klemmen der Sekundärspule induziert, die bei großen Induktoren Funken von 1 m Länge und mehr hervorrufen kann. Das Unterbrechen des Primärstromes erfolgt plötzlich, während das Anlaufen bei Stromschluß wegen der hohen Selbstinduktion langsamer erfolgt. Daher ändert sich der magnetische Fluß in der Sekundärspule bei Stromöffnung viel schneller als bei Stromschluß, und die induzierte Spannung ist dabei erheblich größer. Der parallel zum Wagner'schen Hammer liegende Kondensator C dient dazu, bei Stromöffnung die dann momentan anliegende volle Betriebsspannung durch Aufnahme von Ladung schnell herabzusetzen. Dadurch wird die Funkenbildung am Kontakt erschwert, welche die Stromöffnung verlangsamen würde.

Abb. 23: Funkeninduktor der Firma Leybold

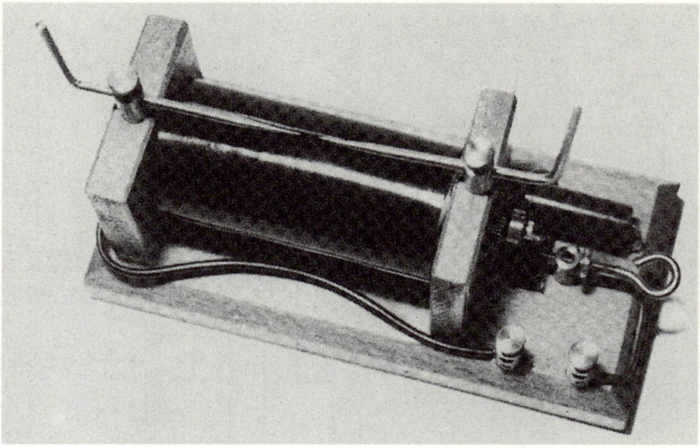

Abb. 24: Funkeninduktor aus Kosmos-Experimentierkasten

Abb. 23 zeigt den im Physikunterricht gebräuchlichen Funkeninduktor der Firma Leybold. Aus *Abb. 24* ist eine kleinere Version zu ersehen, die früher Bestandteil von Kosmos-Physik-Experimentierkästen war.

2.2 Tesla-Anlage mit Funkeninduktor

Um mittels eines Funkeninduktors zu einer funktionierenden Tesla-Anlage zu kommen, muß die in *Abb. 25* gezeigte Schaltung aufgebaut werden. Die Schaltung besteht aus dem Funkeninduktor, zwei parallel geschalteten Hochspannungskondensatoren bzw. Leydener Flaschen, einer Funkenstrecke und dem Tesla-Transformator.

Zum Verständnis der später beschriebenen Experimente soll das Zusammenwirken der Bauelemente kurz beschrieben werden. Beim Einschalten des Funkeninduktors lädt dieser die an seiner Sekundärspule angeschlossenen Leydener Flaschen. Nach Erreichen einer bestimmten Spannungshöhe entladen sich die Flaschen über die Funkenstrecke. In der Primärspule des Tesla-Transformators treten dabei starke Ströme auf, welche in der Sekundärspule ungewöhnlich hohe Induktions-Spannungen, die sogenannten Tesla-Spannungen induzieren. Der Name Tesla stammt wie schon erwähnt von dem berühmten amerikanisch/jugoslawischen Physiker und Erfinder (1856 – 1943) Nikola Tesla, der die physikalischen Zusammenhänge als Erster entdeckt und erforscht hat.

Tesla-Spannungen sind hochgespannte Wechselspannungen, die ihre Richtung außerordentlich schnell ändern, bis zu hunderttausendmal in einer

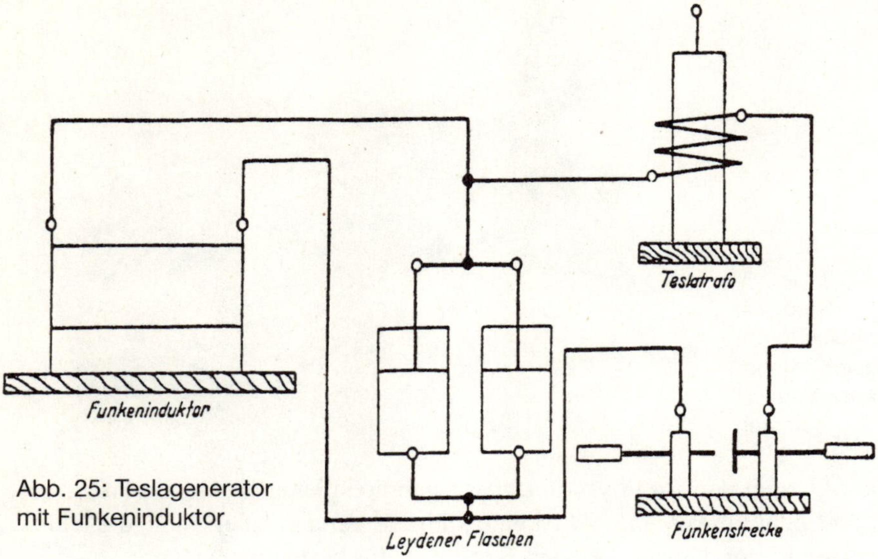

Abb. 25: Teslagenerator mit Funkeninduktor

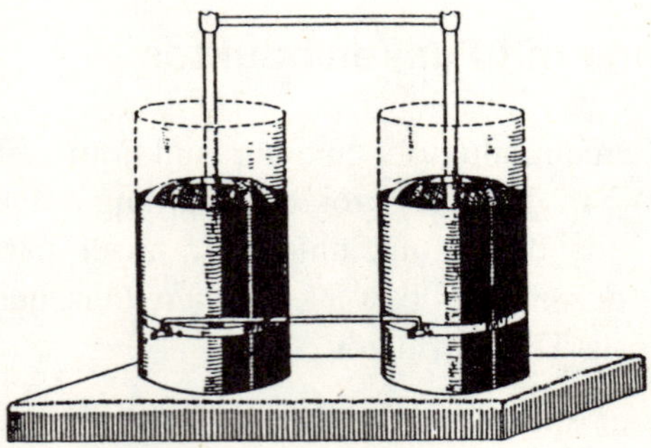

Abb. 26: 2 parallel geschaltete Leydener Flaschen

Sekunde und noch öfter. Sie entstehen, wenn man die Entladungen einer Leydener Flasche, die durch einen Funkeninduktor geladen wird, durch die Primärspule eines Tesla-Transformators gehen läßt.

Was eine Leydener Flasche ist, werden die meisten Leser bereits wissen: Ein zylindrisches Glasgefäß, das innen und außen bis auf einen schmalen Rand mit Aluminium- oder Kupferfolie belegt ist. Eine solche Flasche wirkt wie ein Kondensator. Verbindet man die beiden Belegungen mit den Klemmen einer Funkenstrecke, so gleichen die entgegengesetzten Ladungen sich

Abb. 27: Leydener Flaschen aus den USA

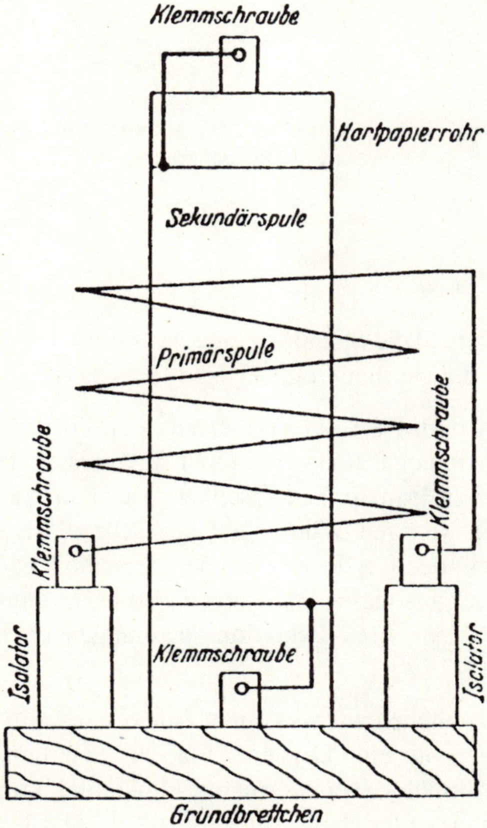

Abb. 28: Aufbau eines Tesla-Transformators

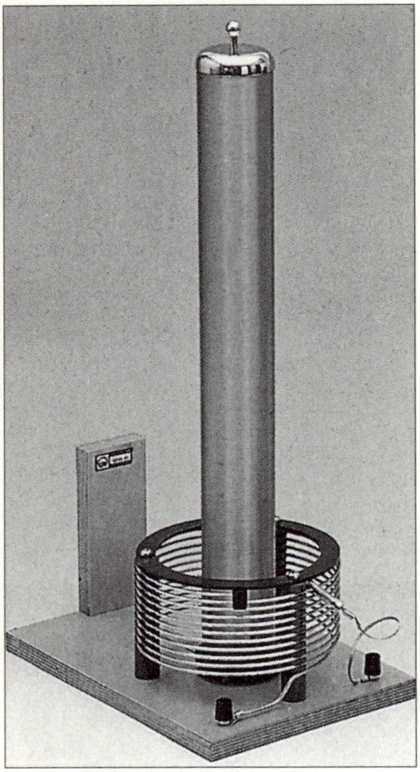

Abb. 29: Tesla-Transformator der Firma Leybold

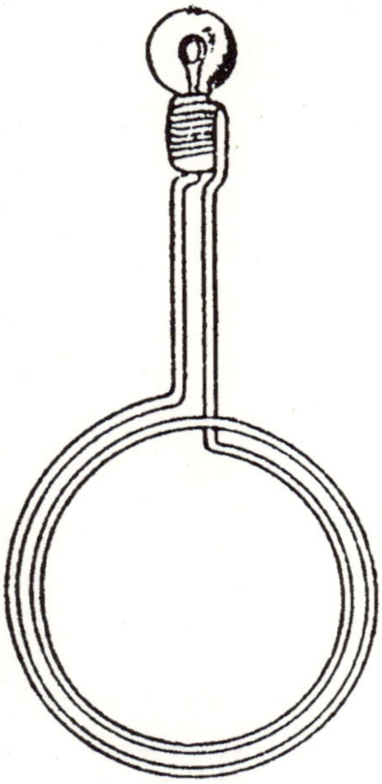

Abb. 30: Fahrradlämpchen mit Ankoppelspule

in einem knallenden Funken aus, sobald die Spannung eine bestimmte Höhe erreicht hat. *Abb. 26 und 27* zeigt den Aufbau von Leydener Flaschen.

Den Tesla-Transformator sehen wir in *Abb. 28* und *Abb. 29*. Er besteht genau wie ein Funkeninduktor aus einer Primär- und einer Sekundärspule und arbeitet auch nach dem gleichen Prinzip. Ein Eisenkern ist nicht vorhanden. Die Primärspule mit nur wenigen Windungen aus sehr dickem Draht wird in den Entladungskreis der Leydener Flasche geschaltet. Die Entladungen induzieren dann, in der aus vielen Windungen eines sehr dünnen Drahtes bestehenden Sekundärspule, hohe Induktionsspannungen, eben die Tesla-Spannungen.

Zur Erzeugung von Teslaströmen brauchen wir also außer einem Funkeninduktor und der zugehörigen Batterie nur eine Leydener Flasche, eine Funkenstrecke und einen Tesla-Transformator. Transformator, Funkeninduktor und Entladungsflasche müssen aufeinander abgestimmt sein, d. h. sie müssen in den elektrischen Eigenschaften zueinander passen. Dies gilt besonders für die Leydener Flaschen.

Im allgemeinen lassen sich sogar Einmachgläser als Leydener Flaschen verwenden. Die Einmachgläser werden außen und innen mit Haushalts-Alufolie oder Kupferfolie aus Schreibwarengeschäften beklebt. Am oberen Teil des Glases muß natürlich ein Rand von 1 – 2 cm vorgesehen werden, damit es dort zu keinen Funkenüberschlägen kommt. Wenn die Einmachgläser zu bleihaltig sind, können durch den dann zu geringen Isolationswiderstand Probleme auftreten. Bessere Erfahrungen macht man mit Leydener Flaschen aus Glasbehältern, wie sie für chemische Versuche benötigt werden. Die im Chemikalienhandel erhältlichen Glasgefäße müssen vor dem Bekleben mit Spiritus abgewaschen werden. Um auf die erforderliche Kapazität zu kommen, werden im allgemeinen zwei Flaschen benötigt.

Mit der in *Abb. 25* gezeigten Tesla-Anlage lassen sich eine Reihe hochinteressanter Versuche durchführen.

Wie stark der Induktionsstrom in der Primärwicklung des Tesla-Transformators ist, geht aus folgendem Versuch hervor:

Praktische Versuche

Ein Fahrradlämpchen wird entsprechend *Abb. 30* an zwei Windungen Kupferlackdraht mit etwa 0,5 – 1 mm Drahtdurchmesser gelötet. Der Spulendurchmesser sollte in etwa dem Primärspulendurchmesser entsprechen. Vor dem Versuch wird die Sekundärspule entfernt. Nach dem Einschalten des Funkeninduktors wird der Lampenring so über die Primärspule gehalten, daß sich die beiden Spulen nicht berühren. Das Lämpchen leuchtet durch den im Drahtring fliessenden Induktionswechselstrom hell auf. Es entsteht der Eindruck, das Lämpchen würde aus einer Batterie betrieben.

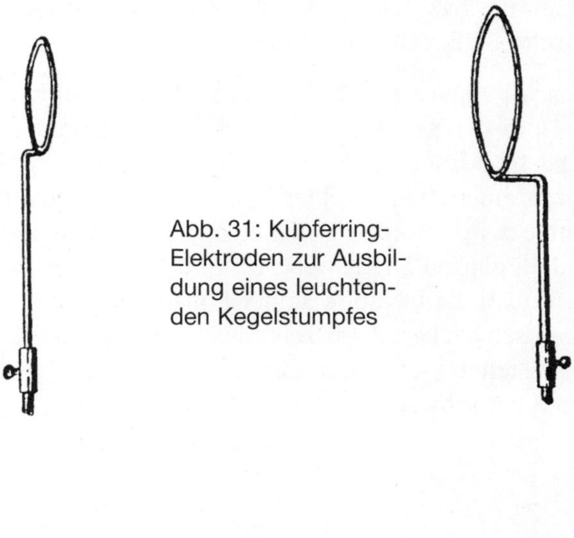

Abb. 31: Kupferring-Elektroden zur Ausbildung eines leuchtenden Kegelstumpfes

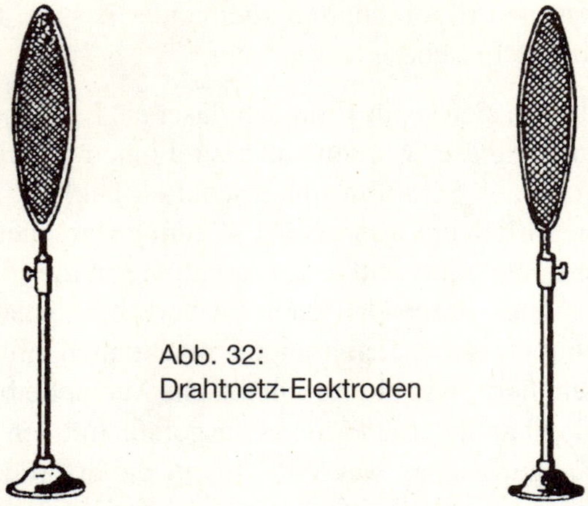

Abb. 32:
Drahtnetz-Elektroden

Wir setzen nunmehr die Sekundärspule des Tesla-Transformators wieder an ihren Platz, verbinden die beiden Sekundärklemmen mit zwei dicken, isolierten Drähten, von deren freien Enden wir die Isolation auf etwa 1 cm Länge entfernen, und schalten den Induktor ein. Verdunkeln wir dann das Zimmer, so sehen wir aus den Drahtspitzen schimmernde Lichtbüschel hervorschießen. Nähern wir die Enden der Drähte einander, so setzt bald eine heftige Funkenentladung ein. Unter lautem Knattern schlagen lange Funken zwischen den Drähten über. Bläst man in den Raum zwischen den Drahtspitzen, so lösen sich die Funken in silberglänzende Flammenbogen auf, die aus einem Netz dicker und dünner Funkenfäden bestehen.

Nun legen wir die untere Sekundärklemme an Erde, indem wir sie durch einen für Hochspannung isolierten Draht mit dem Rohrnetz der Gas- oder Wasserleitung verbinden. Sobald der Induktor eingeschaltet wird, sprühen von der oben auf der Sekundärspule sitzenden Klemme große, blau leuchtende Lichtbüschel senkrecht nach außen.

Jetzt befestigen wir einen 50 – 60 cm langen, blanken Kupferdraht von etwa 3 mm Stärke so in der Kopfklemme der Sekundärspule, daß er senkrecht emporsteht. Das freie Ende des Drahtes wird durch Umwickeln mit Isolierband oder durch einen aufgesteckten Porzellanknopf isoliert. Die andere Sekundärklemme wird geerdet. Schaltet man dann den Induktor ein, so schießen aus dem ganzen Draht waagrecht verlaufende bläuliche Strahlen hervor. Entfernt man die Isolation an der Spitze, so werden die waagrechten Entladungen schwächer, dafür zeigt sich an der Spitze des Drahtes ein blauer, fein verästelter Lichtbaum, der frei in die Luft hinaufwächst und langsam hin und her schwankt.

Wir ersetzen die Drähte durch zwei aus blankem Kupferdraht angefertigte Ringe, entsprechend *Abb. 31*, von denen der eine etwas größer als der andere ist. Die Strahlen gehen dann zwischen den parallel zueinander stehenden Ringen über und bilden einen leuchtenden Kegelstumpf.

Man berührt nun die Kopfklemme der Sekundärspule des Tesla-Transformators mit einer Neonröhre, die man in der Hand hält. Die Röhre leuchtet hell auf, obwohl sie nur mit einem Pol verbunden ist. Meistens erstrahlt die Röhre sogar schon in dem ihr eigentümlichen Licht, sobald sie dem Tesla-Transformator genähert wird.

Wir setzen zwei große Metallplatten (oder in Drahtringe gelötete Drahtnetze) auf Isolierstative, die wir – entsprechend *Abb. 32 – 80* bis 100 cm weit voneinander entfernt aufstellen, verbinden die Anschlußklemmen mit der Sekundärspule und schalten den Funkeninduktor ein. Halten wir dann eine Neonröhre oder 220 V-Glühlampe in den Raum zwischen den beiden Platten, so leuchtet diese hell auf. Diese Versuche zeigen, daß der ganze Raum zwischen den beiden Platten von starken elektrischen Kräften durchflutet wird. Auch hinter und über den Platten treten die Leuchterscheinungen auf. Tesla hatte darauf den Plan einer idealen elektrischen Beleuchtung begründet. Er wollte in dem zu beleuchtenden Zimmer an zwei gegenüberliegenden Wänden große Metallplatten anbringen und sie mit den Klemmen eines mächtigen Tesla-Transformators verbinden. Dann brauchte man nur mit stark verdünnten Gasen gefüllte Glasröhren in das Zimmer zu stellen oder zu hängen, um sofort das schönste Licht zu haben. Bis heute ist der Gedanke aber nicht verwirklicht worden, da Glühlampenbeleuchtung trotz der Drahtleitungen wesentlich billiger ist. Es sieht sehr geheimnisvoll aus, wenn eine frei schwebende Röhre auf Befehl plötzlich hell zu leuchten beginnt.

Während man sich sehr hüten muß, die Sekundärklemmen eines Funkeninduktors zu berühren, wenn man nicht Schläge abbekommen will, kann man die Sekundärklemmen eines Tesla-Transformators ruhig mit beiden Händen anfassen. Betreibt man den Teslagenerator nicht mit 220V-Netzstrom, ist nicht das mindeste zu spüren. Der Grund hierfür liegt darin, daß die Tesla-Ströme infolge ihres außerordentlich schnellen Richtungswechsels gar nicht in den Körper eindringen, sondern über die Körperoberfläche fließen. Berührt man die eine Sekundärklemme mit der einen Hand und streckt man den Zeigefinger der anderen, den man durch einen metallenen Fingerhut oder ein kurzes Stück Messingrohr geschützt hat, gegen die zweite Klemme aus, so springen lange, heftig knatternde Funkenbündel zwischen Finger und

Klemme über. Läßt man die Funken direkt in die Hand schlagen, so können unter Umständen kleine brandwundenähnliche Verletzungen entstehen. Wird der Tesla-Transformator mit 220V-Netzspannung betrieben, führt der mit übertragene 100Hz-Anteil zu unangenehmen elektrischen Schlägen. (siehe Abb. 49)

Um zu möglichst hohen Tesla-Energien zu kommen, kann mittels einer speziellen Funkenstrecke, der sogenannten Löschfunkenstrecke eine raschere Funkenfolge und eine geringere Dämpfung erzielt werden. Mit normalen Funkenstrecken können maximal etwa 100 Funken pro Sekunde erzeugt werden. Nach jeder Entladung benötigt die Funkenstrecke eine gewisse Zeit, um wieder nichtleitend zu werden. Setzt die nächste Entladung vorher ein, bildet sich ein zerstörender Lichtbogen. Schuld daran haben geladene Glasteilchen, Ionen, die beim Funkenübergang entstehen, sich aber nicht schnell genug wieder „neutralisieren“.

Je kleiner die Funken, desto geringer die Hitzeentwicklung, um so geringer auch die Ionisierung. Wenn man nun statt eines großen Funken mehrere kleine Funken benutzt und diese zu einer Funkenkette hintereinanderschaltet, klingt die Ionisierung innerhalb der einzelnen Funkenstrecke schnell ab. Eine zusätzliche Kühlung der Funkenstrecke beschleunigt diesen Vorgang.

Abb. 33: Löschfunkenstrecke der Firma Leybold, München

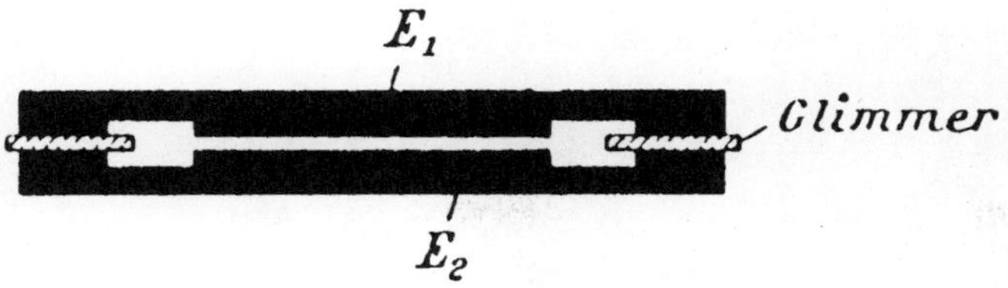

Abb. 34: Einzelnes Plattenpaar einer Löschfunkenstrecke

Sobald die Spannung im Primärkreis einen bestimmten Wert erreicht hat, schlagen an sämtlichen Teilfunkenstrecken Entladungen über. Die entwickelte Wärme wird durch die Metallplatten rasch abgeleitet. Nach wenigen kräftigen Schwingungen erlöschen die Funken; der Primärkreis ist vollständig unterbrochen und es kann eine Rückzündung der Funkenstrecke durch Induktion vom Sekundärkreis her nicht mehr eintreten. Eine solche erfolgt erst bei sehr hohem Kopplungsgrad. Man kann je nach der Güte des Löschvermögens der Funkenstrecke Trafo-Kopplungen bis zu 30% und mehr erreichen. Man nennt solche Funken Abreiß- oder Löschfunken und spricht wegen der fast stoßweisen Erregung des Sekundärkreises auch von einer Stoßerregung und einer Stoßfunkenstrecke.

Abb. 33 zeigt eine Löschfunkenstrecke der Firma Leybold für den Physikunterricht. Aus *Abb. 34* ist der Aufbau eines Plattenpaares zu ersehen. Die Platten E 1 und E 2 bestehen aus silberplattiertem Kupfer, ihr Abstand ist 0,2 mm. Sie werden durch Glimmerringe oder einen Luftspalt voneinander isoliert. Aus *Abb. 35* wird die Hintereinanderschaltung mehrerer Plattenpaare gezeigt.

Welche gewaltigen Funkenentladungen und Leuchterscheinungen mit leistungsfähigen Tesla-Generatoren erzeugt werden können, geht aus den *Abb. 36 bis 43* hervor. Generatoren bzw. Tesla-Transformatoren mit derartigen Leistungen können aus den USA bezogen werden. (Adressen im Anhang).

Bevor wir uns dem Aufbau professioneller Tesla-Generatoren zuwenden, die weder mit altmodischen Funkeninduktoren noch mit der nicht ungefährlichen 220 V-Netzspeisung arbeiten, soll noch auf einige interessante Versuche eingegangen werden. Diese Versuche werden allerdings mit einem netzgespeisten Tesla-Generators durchgeführt.

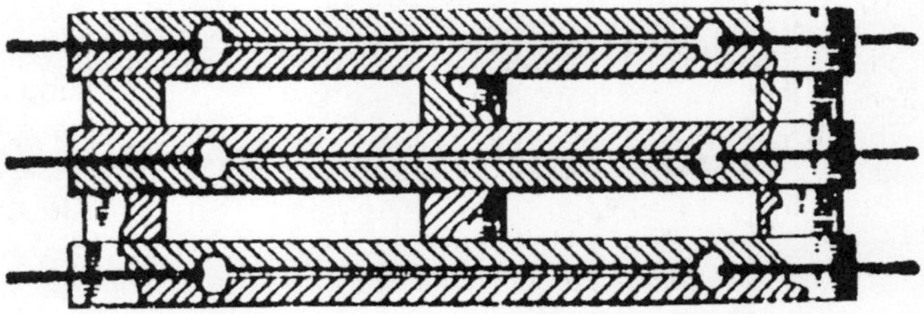

Abb. 35: Hintereinanderschaltung mehrerer Plattenpaare

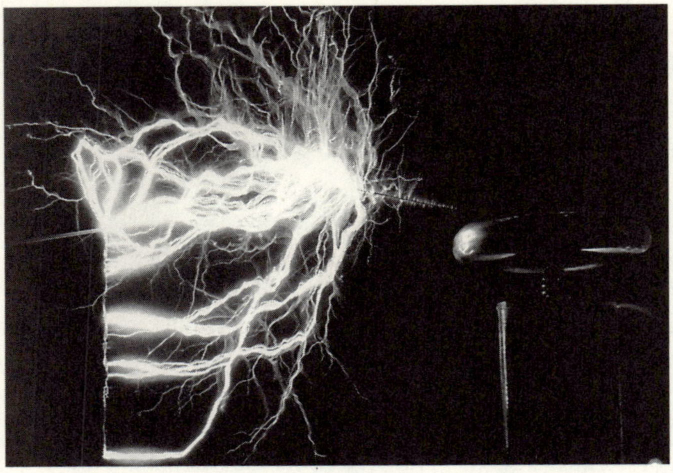

Abb. 45:
Eine dünne Schweißelektrode entfacht ein imposantes Feuerwerk

2.3 Versuche mit netzgespeistem Tesla-Generator

In *Abb. 46* ist die Grundschaltung eines netzgespeisten Tesla-Generators dargestellt.

Ein praktisch ausgeführter, netzgespeister Tesla-Generator ist in *Abb. 47* zu sehen.

Zur Erzielung hoher Ausgangsleistung wurden zwei Hochspannungstransformatoren aus Abb. 1 sekundärseitig hintereinander geschaltet. Natürlich muss dabei auf die richtige Polung geachtet werden, sonst ist die Ausgangsspannung Null Volt. Die 220 V-Primäranschlüsse werden parallel geschaltet, wobei auf Gleichphasigkeit geachtet werden muß.

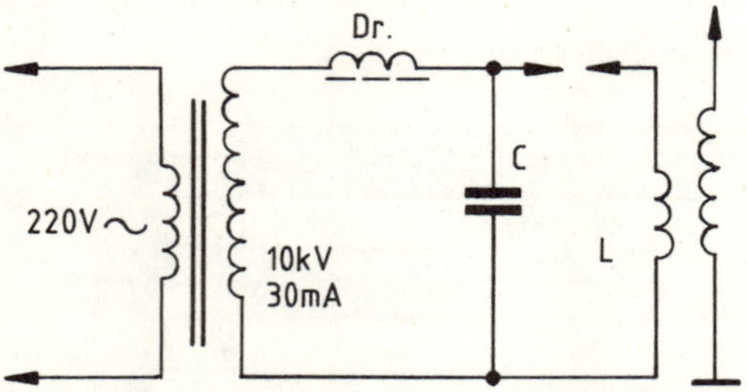

Abb. 46:
Grundschaltung eines netzgespeisten Tesla-Generators

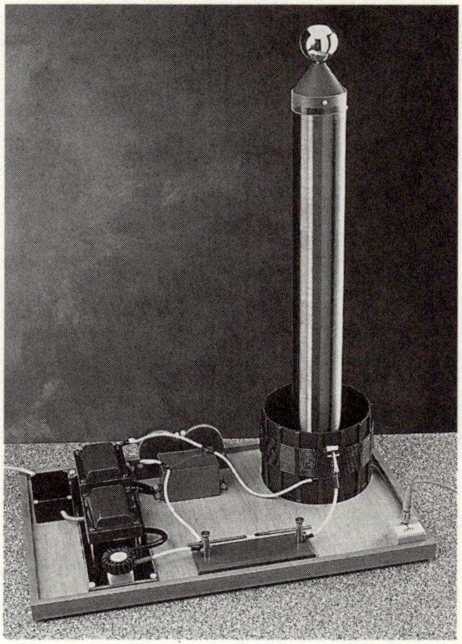

Abb. 47: Praktische Ausführung eines netzgespeisten Tesla-Generators

Die damit erzielte Spitzenspannung beträgt dann 2 x 8 kV = 16 kV mit einer Belastbarkeit von 20 mA.

Die Primärschwingkreiskapazität C wird durch Parallelschalten von 3 Kondensatoren mit 40 kV Spannungsfestigkeit gebildet. Es ergibt sich eine Gesamtkapazität von C = 3300 pf + 3300 pf + 2700 pf = 9300 pf.
Die Primärschwingkreisinduktivität L ist auf einen Hartpapierspulen-Körper mit einem Wickeldurchmesser von 150 mm$^{\varnothing}$ aufgebracht. Auf den Spulenkörper wurden 14 Windungen mit 1 mm$^{\varnothing}$ Kupferlackdraht gewickelt. Von den 14 Windungen werden mit einer Krokodilklemme 13 Windungen angezapft, so daß der Primärschwingkreis auf der gleichen Resonanzfrequenz schwingt, wie die Tesla-Sekundärspule nämlich 286 kHz.

Die Eigenresonanz der Tesla-Sekundärspule wurde mit dem Meßverfahren nach *Abb. 57* bestimmt. Für die Bestimmung bzw. für die Abstimmung des Primärkreises kann das in Abb. 58 gezeigte Meßverfahren angewandt werden.

Für die Funkenstrecke wurden Elektroden aus 4 mm$^{\varnothing}$ Silberstahl verwendet. Der Elektrodenabstand kann mittels Lösen der beiden Rändelschrauben auf einfache Weise justiert werden. Als Funkenelektroden eignen sich in hervorragender Weise auch angespitzte Kohlestifte aus Taschenlampenbatterien (4.5V-Flachbatterie).

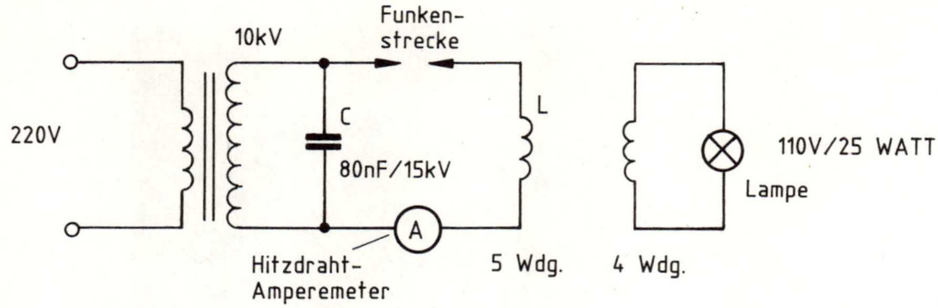

Abb. 48: Drahtlose Auskopplung der Energie auf eine 110 V-Lampe (Schaltung nicht identisch mit Tesla-Generator-Aufbau aus Abb. 47)

Obwohl eine Drossel nicht unbedingt erforderlich ist, wurden auf einen alten Netzfilter-Ferritkern (d_a=37 mm^Ø; d_i=20 mm^Ø) 20 Windungen 1 mm^Ø Kupferlackdraht gewickelt.

Die Tesla-Sekundärspule wurde auf ein 510 mm langes Plexiglasrohr mit einem Aussendurchmesser von 65 mm^Ø gewickelt. Auf einer Wickellänge von 480 mm konnten 2100 Windungen mit 0,2 mm^Ø Kupferlackdraht aufgebracht werden. Um Funkenüberschläge zwischen benachbarten Windungen zu vermeiden, wurde die Tesla-Sekundärspule auf ihrer gesamten Länge mit Isolierlackspray von Kontakt-Chemie (Firma Bürklin, München, Schillerstr.) imprägniert. Die Kugelelektrode am oberen Ende der Tesla-Sekundärspule hat einen Durchmesser von 45 mm und befindet sich in 48 mm Abstand von der letzten Sekundärwindung. Dieser Abstand ist wichtig, da die Kugel in unmittelbarer Nähe des oberen Spulenendes sonst als Kurzschlusswindung wirken und die Güte des Tesla-Sekundärschwingkreises verschlechtern würde.

Für die Funktion ist es bedeutungslos, ob die Funkenstrecke parallel zum Kondensator oder in Reihe zur Primärspule liegt. Wird die Tesla-Spule entfernt und durch eine Ankoppelspule mit Lampe ersetzt, ergibt sich die Schaltung in *Abb. 48*. Durch den Kondensator C und die Spule L entsteht ein hochfrequenter Schwingkreis mit der Frequenz

$f=\frac{1}{2\pi\sqrt{L\cdot C}}$ und der Schwingungsdauer $T= 2\pi\sqrt{L\cdot C} = \frac{1}{f}$

Damit die Schwingungsenergie groß wird, muß die Spannung U wegen der Bedingung $W = \frac{1}{2} C \cdot U^2$ möglichst groß gewählt werden. Die zwischen Spule und Kondensator erforderliche Verbindung stellt die Funkenstrecke dar. Bei jeder Sinushalbwelle des Hochspannungs-Transformators entsteht eine gedämpfte hochfrequente elektrische Schwingung. Die Schwingungen entstehen jeweils in dem Moment, wenn die Ladespannung am Kondensator die Zündspannung der Funkenstrecke erreicht hat. In diesem Moment ist der Schwingkreis kurzfristig geschlossen. *Abb. 49* zeigt die gedämpften Wellenzüge des Schwingkreisstromes.

Für die folgenden Versuche wurde ein Trafo mit einer Primärspule von 500 Windungen und einer Sekundärspule von 23 000 Windungen gewählt. Der Schwingkreiskondensator hat 80 nF und eine Prüfspannung von 15 kV. Die Tesla-Spule hat 2500 Windungen.

Der Schwingkreis der Schaltung in *Abb. 48* besteht aus einer Spule mit n 1 = 5 Windungen, deren Induktivität $L = 10^{-5}$ H ist, und einem Kondensator der Kapazität C = 80 nF. Die Schwingungsdauer beträgt daher

$$T = 2\pi \sqrt{10^{-5}\,\mathrm{H} \cdot 80\,\mathrm{nF}} = 5{,}6 \cdot 10^{-6}\,\mathrm{s}$$

und die Frequenz

$$f = \frac{1}{T} = 180\,\mathrm{kHz}$$

Besteht die Sekundärspule aus einer Spule mit vielen Windungen, wobei ein Ende geerdet ist und das andere Ende zu einer Metallspitze führt, dann liegt ein Tesla-Schwingkreis vor. Die Tesla-Spule kann koaxial im Inneren oder außerhalb der Primärspule angeordnet werden. Beim Einschalten des Schwingkreises beobachtet man lange, bläuliche Spitzenentladungen. Würde es sich um Gleichspannungen handeln, wären mehrere hunderttausend Volt Spannung erforderlich, um diese Entladungen herbeizuführen.

Im Experiment wird, wie bereits erwähnt, eine Wechselspannung von 220 V der Primärspule eines Transformators mit 500 Windungen zugeführt. Die Sekundärspule hat 23 000 Windungen; damit wird die Spannung auf etwa 10 000 V transformiert, wobei die Funkenstrecke periodisch den Schwingkreis kurzschließt. Dieser besteht aus einer Kapazität von 80 000 pF und einer Induktivität von 5 Windungen. Die Tesla-Spule hat 2500 Windungen und bildet mit ihrer eigenen Kapazität gegen Erde einen weiteren Schwing-

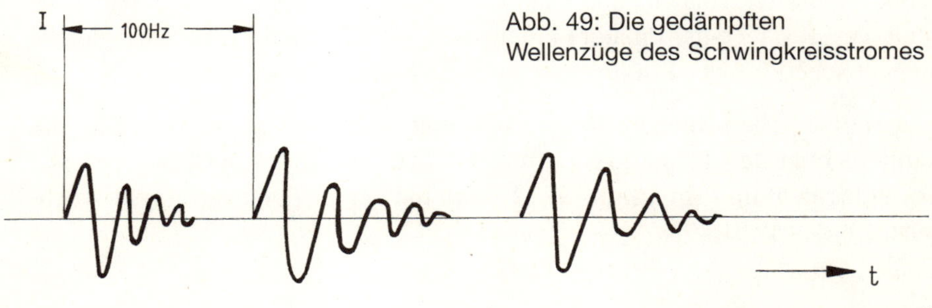

Abb. 49: Die gedämpften Wellenzüge des Schwingkreisstromes

kreis. Falls Resonanz vorliegt, muß das Produkt L • C der Tesla-Spule gleich dem Produkt L' • C' des Primärschwingkreises mit den 5 Windungen und der 80 000 pF-Kapazität sein. Dadurch treten, obwohl die Maximalspannung am Transformator nur etwa 10 000 V beträgt, 10 – 20 cm lange Funkenentladungen auf.

Für Heilbehandlungen werden kleine Tesla-Transformatoren industriell gebaut, mit denen man mehrere Zentimeter lange Funken erzeugen kann. Der prinzipielle Aufbau entspricht dem normalen Tesla-Transformator; er enthält einen Transformator, einen Primärschwingkreis mit wenigen Windungen und Löschfunkenstrecke sowie einen Sekundärkreis mit 1000 oder mehr Windungen.

Die Ungefährlichkeit und die Intensität von Hochfrequenzströmen kann entsprechend *Abb. 48* nachgewiesen werden, in dem eine Glühlampe von 110 V/ 25 W in die Nähe des Primärkreises gebracht wird; die Lampe leuchtet dabei deutlich auf. Intensive, schnell wechselnde Ströme sind für den menschlichen Organismus ungefährlich, wie an einem mit Aluminium verkleideten Holzstab gezeigt wird, den der Experimentator in die Nähe der Hochfrequenz-Funkenentladung hält. Der Holzstab entzündet sich schließlich und brennt. Für den Experimentator ist dieser Versuch deswegen ungefährlich, weil die Ionen in der Zellflüssigkeit so träge sind, daß sie dem schnell wechselnden elektrischen Feld nicht folgen können. Bei einer entsprechend hohen Gleichspannung würde die elektrolytische Wirkung äußerst gefährlich sein. Die Bewegung der Zellionen ist klein gegen die Dimension der Zellen; trotzdem tritt durch die Bewegung der Ionen eine Erwärmung der Zelle ein. Die Medizin benützt zur Erwärmung von Gewebe Geräte, die nach demselben Prinzip funktionieren.

Versorgt man die 5 Windungen der Primärspule eines Tesla-Transformators über einen Ohmschen Widerstand von 11 Ω mit technischem Wechselstrom von 50 Hz, dann liegt wohl ein Schwingkreis vor, aber die in der Sekundärspule induzierte Spannung ist viel zu klein, um die in Serie liegende Glühlampe von 110 V/25 W zum Aufleuchten zu bringen. Die Lampe der Probespule leuchtet auch dann nicht auf, wenn man sie koaxial in die Primärspule des Tesla-Transformators hineinstellt, sodaß praktisch fast der gleiche magnetische Fluß der Primärspule auch die Sekundärspule durchsetzt.

Eine kurze Überschlagsrechnung bestätigt den experimentellen Befund. Schließt man den Primärkreis direkt an 220 V und beträgt der Ohmsche Vorwiderstand im Primärkreis 11 Ω, dann hat der fließende effektive Wechselstrom den Wert

$$I = \frac{U}{R} = \frac{220\ V}{11\ \Omega} = 20\ A$$

Der induktive Widerstand L der 5 Windungen beträgt 10^{-5} H.
Demgemäß ergibt sich für den induktiven Wechselstromwiderstand

$$Z = \omega \cdot L = 2\pi \cdot 50\ Hz \cdot 10^{-5}\ H = 3 \cdot 10^{-3}\ \Omega$$

An den 5 Windungen der Primärspule liegt daher die Spannung

$$U\ 1 = Z \cdot I = 3 \cdot 10^{-3}\ \Omega \cdot 20\ A = 6 \cdot 10^{-2}\ V.$$

Da die Sekundärspule mit 4 Windungen eine Spannung derselben Größenordnung wie die Primärspule mit 5 Windungen erhält, kann eine 110 V/25 W-Lampe in diesem Kreis nicht aufleuchten. Die Überschlagsrechnung bestätigt das experimentelle Ergebnis. Da auch bei koaxialer Anordnung nicht der gesamte Fluß der Primärspule die Sekundärspule durchsetzt, ist in Wirklichkeit die Spannung in der Sekundärspule etwas kleiner als dem Verhältnis der Windungszahlen entsprechen würde.

Bei Verwendung einer Löschfunkenstrecke wird die Energieübertragung noch wesentlich effektiver. Der 180 kHz-Schwingkreis wird nun mit einer Löschfunkenstrecke betrieben.

Die erforderliche Hochspannung liefert wieder ein Hochspannungstrafo mit dem Übersetzungsverhältnis 5 : 230. An der Primärspule des Transformators werden 220 V angelegt. Nimmt man eine Probespule von 4 Windungen mit in Serie geschalteter Glühbirne von 110 V/25 W, dann beobachtet man eine Energieübertragung in die Ankoppelspule, wenn man sie koaxial in die Primär-Tesla-Spule stellt. Diese Übertragung nennt man Stoßanregung. Eine Überschlagsrechnung bestätigt diese Beobachtung. Für f = 180 kHz ist ω = 1,1 MHz. Bei einer Induktivität von L = 10^{-5} H ergibt sich somit für den Wechselstromwiderstand

$$Z = \omega \cdot L = 1{,}1\ MHz \cdot 10^{-5}\ H = 11\ \Omega.$$

Nun wird die Spannung so einreguliert, daß im Hochfrequenzkreis ein Strom von I_{eff} = 20 A fließt. Da die Spannung an den Enden der Spule $U_1 = Z \cdot I$ ist, erhält man:

$$U_1 = Z \cdot I;$$

$$U_1 = 11\ \Omega \cdot 20\ A = 220\ V;$$

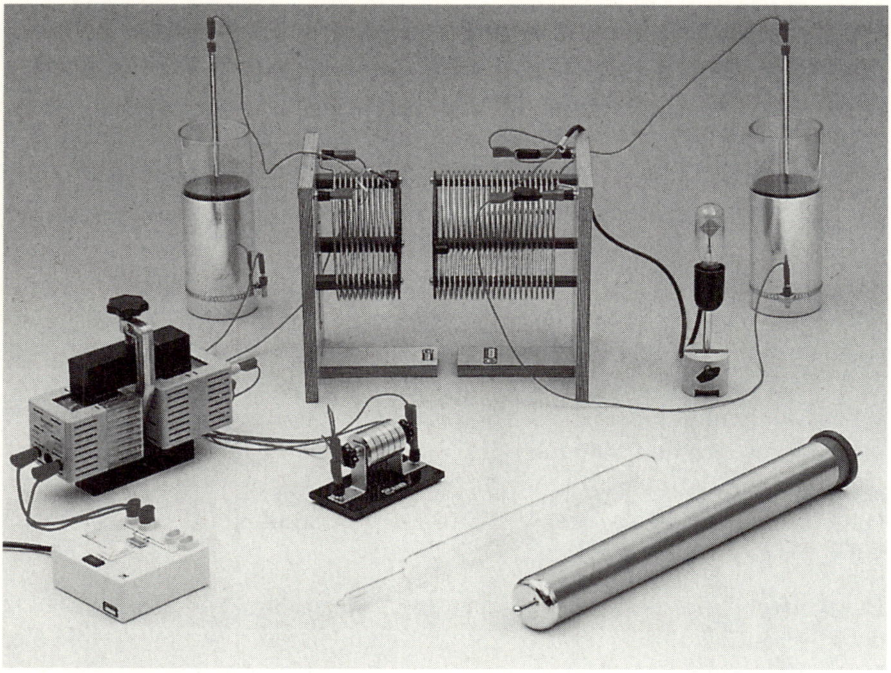

Abb. 50: Optimale Energieübertragung ist gewährleistet, wenn Primär- und Sekundärkreis in Resonanz sind (Quelle: Fa. Leybold)

Stellt man die Ankoppelspule mit ihren 4 Windungen koaxial in die Primär-Tesla-Spule, dann wird die Spannung im Verhältnis 5 : 4 heruntertransformiert; somit sollte sich in der Ankoppelspule eine Spannung von ca. 180 V ausbilden. Tatsächlich ist die transformierte Spannung wegen des Streufeldes geringer. Man sieht aber deutlich, daß die 110 V/25 W-Lampe intensiv brennt. Dafür, daß die in den Sekundärkreis übertragene Energie nicht an den Primärkreis zurückgegeben wird, sorgt die Löschfunkenstrecke. Für die Energieübertragung ist nicht der Effektivstrom durch die Primärspule maßgebend, sondern, wie das Induktionsgesetz es auch verdeutlicht, die Umfangsspannung proportional $\Delta I/\Delta t$ ist. Hohe Frequenzen bedeuten aber sehr kleine Werte für Δt.

Daß der Stromfluß der hochfrequenten Energie über den Körper des Menschen ungefährlich ist, erkennt man auch an folgendem Experiment:

Der 180 kHz-Schwingkreis aus *Abb. 48* wird mit einer Abänderung, die die Ankoppelspule betrifft, verwendet. Sie besteht nach wie vor aus 4 Windungen, die in Serie geschaltete Glühbirne wird jedoch erst über den Körper des Experimentators verbunden. Dies geschieht dadurch, daß der Experimentator mit beiden Händen die offenen Enden im Kreis zwischen Spule und Glühbirne anfaßt. Bei eingeschaltetem Schwingkreis beobachtet man ein schwaches Aufleuchten der Glühlampe. Man zeigt damit, daß der hochfrequente Wechselstrom für den menschlichen Organismus ungefährlich ist. Wegen des durch die Zellen fließenden Stroms tritt wohl Erwärmung auf, nicht aber eine elektrolytische Wirkung. Der Versuch zeigt die Methodik der klassischen Diathermie, wobei der menschliche Körper als Widerstand zwischen den blanken Elektroden eines Hochfrequenzstromkreises dient.

Es gibt noch zwei andere Möglichkeiten, Hochfrequenzenergie in lebende Zellen einzubringen. Bei der Kondensatorfeldmethode, auch Kurzwelle genannt, fungiert der Körper als verlustreiches Dielektrikum. Wendet man schließlich die Spulenmethode an, dann bewirkt das hochfrequente magnetische Feld einer Spule eine Wirbelstromaufheizung des menschlichen Körpers. Die praktische Bedeutung dieser Methoden erkennt man, wenn man bedenkt, daß Gleichströme von etwa 100 mA bereits tödlich sind.

Die Anordnung des Tesla-Transformators entsprechend Abb. 48 gibt hochfrequente Ströme auch an eine Neon-Leuchtstoffröhre weiter, wenn man diese in die Nähe der Tesla-Spule bringt und für eine Ableitung über eine Elektrode sorgt. Aber auch elektrodenlose Entladungsröhren leuchten durch die starke Induktionswirkung des Tesla-Transformators auf.

Die Energieübertragung aus einem Primär-Tesla-Schwingkreis in den Sekundärkreis kann dadurch deutlich gemacht werden, daß man die Sekundärspule unter Verwendung der Anordnung aus *Abb. 48* durch eine zu einer einzigen Windung zusammengefalteten Aluminiumfolie ersetzt. Bei Einschalten des Tesla-Schwingkreises, beobachtet man ein Durchschmelzen der Aluminiumfolie an der engsten Stelle. Auch hier hat die Löschfunkenstrecke die Aufgabe, eine Rückübertragung der Energie aus der Aluminiumfolie in den Primärschwingkreis zu verhindern.

Stellt man entsprechend *Abb. 50* einem Schwingkreis wie in *Abb. 46* dargestellt, einen Sekundärkreis mit gleicher Resonanzfrequenz gegenüber, so sieht man an einer zu diesem Sekundärkreis parallel geschalteten Glimmlampe ein deutliches Aufleuchten. Das Experiment bestätigt, daß elektromagnetische Energie drahtlos über Entfernungen übermittelt werden kann. Der Sekundärkreis muß dabei mit seiner Kapazität und seiner Induktivität möglichst exakt auf den Primärkreis abgestimmt werden, um optimale Energieübertragung zu bewirken. Man erreicht dies bei vorgegebener Kapazität, indem man die entsprechende Anzahl von Windungen der Induktionsspule verwendet, bei der ein optimales Signal an der Glimmlampe erhalten wird.

3 Aufbau und Betrieb moderner Tesla-Generatoren

3.1 Tesla-Generator (Version 1)

Die Schaltung aus *Abb. 51* stammt aus den USA. Wie bereits bekannt, wird als Impulsgenerator das Timer-IC 555 verwendet. Über zwei Treibertransistoren werden zwei parallel geschaltete 2N3055 angesteuert. Im Kollektorkreis dieser Transistoren befindet sich die Primärwicklung einer normalen 12 V-Kfz-Zündspule.

Der Hochspannungsausgang der Zündspule führt auf den Schwingkreis-Kondensator und die Funkenstrecke. Die Schwingkreisspule ist mit Anzapfungen versehen, sodaß der Primärkreis so abgestimmt werden kann, daß er mit dem Sekundärkreis in Resonanz kommen kann. In der Praxis wird der Anzapfpunkt solange variiert, bis die längsten Funkenüberschläge zwischen dem Hochspannungsausgang der Tesla-Spule und Masse feststellbar sind.

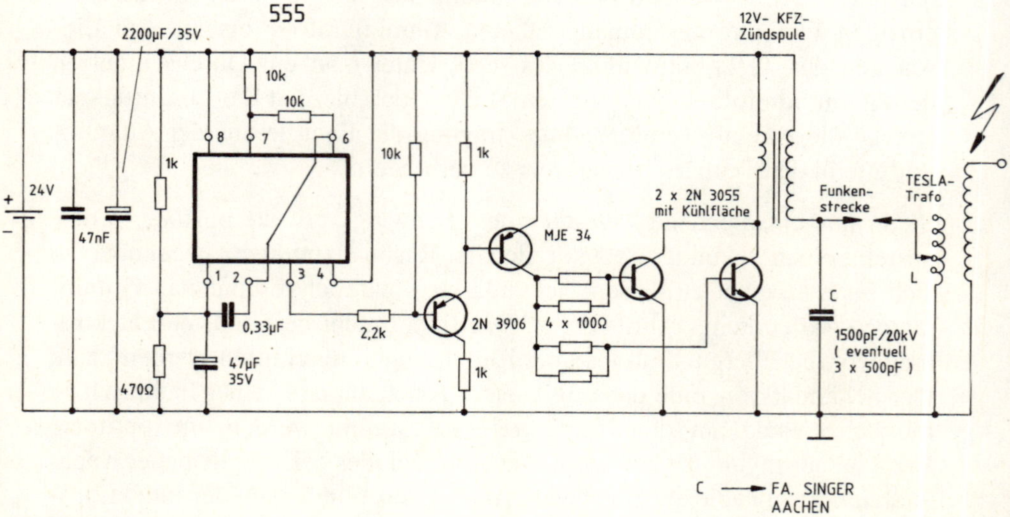

Abb. 51: Tesla-Generator-Schaltung (Version 1)

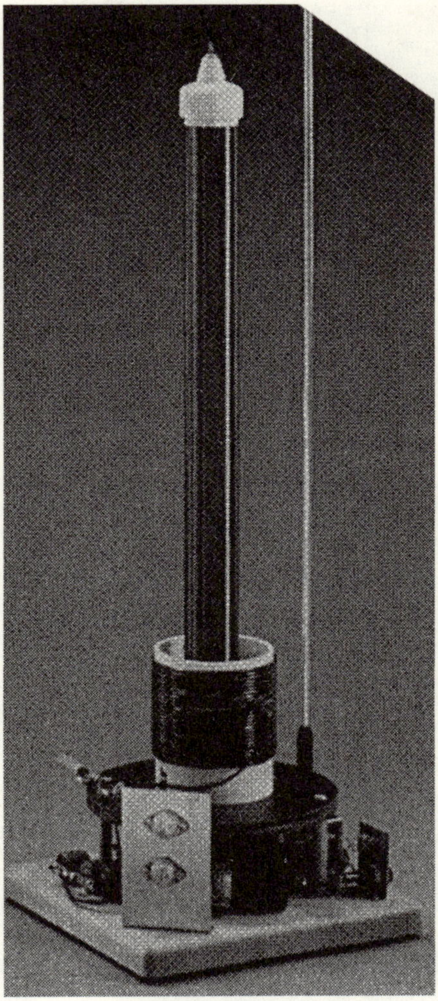

Abb. 52: Aufbau des Tesla-Generators (Version 1)

Aus *Abb. 52* ist der komplette Aufbau des Tesla-Generators zu sehen. Die Ansteuerschaltung wurde ohne besonderen Aufwand entsprechend *Abb. 53* auf Veroboard und Holzbrettchen untergebracht.

Die auf Kunststoffrohren aufgebrachte Primär- und Sekundärwicklung wird in *Abb. 54* gezeigt. In Baumärkten gibt es PVC-Rohre, die sich gut für diesen Zweck eignen. Der Durchmesser sowohl der Primär- als auch der Sekundärspule ist nicht kritisch. Die Primärspule hat einen Durchmesser von ca. 10

Abb. 53: Die Ansteuerschaltung auf Veroboard und Holzbrettchen

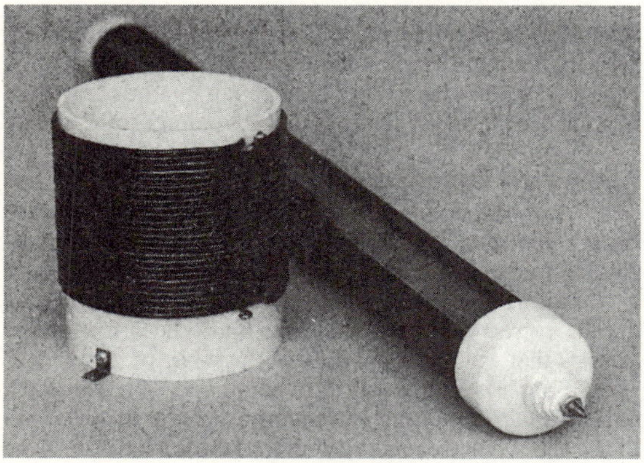

Abb. 54: Primär- u. Sekundärspule

Abb. 55: Tischchen zur räumlichen Trennung von Ansteuerschaltung und Spulenanordnung

cm und erhält 25 Windungen mit 2 mm^{Ø} Kupferlackdraht. Die Tesla-Spule ist etwa 60 cm lang, mit einem Außendurchmesser von 3 – 4 cm.

Diese Spule wird mit 0,4 mm^{Ø} starkem Kupferlackdraht vollgewickelt. Das kleine runde Tischchen aus Epoxyd oder Pertinax in *Abb. 55* dient zur räumlichen Trennung der Ansteuerschaltung und der Spulenanordnung. Auf den runden weißen Klotz in der Mitte kann die Tesla-Spule aufgesteckt werden.

3.2 Tesla-Generator-High-Power (Version 2)

Wer etwas tiefer in die Tesla-Spannungserzeugung einsteigen will, findet im folgenden ein reiches Betätigungsfeld. Hobby-Elektronikern mit wenig Hochspannungserfahrung wird vom Aufbau netzgespeister Tesla-Generatoren jedoch abgeraten.

Die High-Power-Grundschaltung mit netzgespeistem Tesla-Generator ist aus *Abb. 56* zu ersehen, während aus *Abb. 59* der Aufbau hervorgeht. Um der Hochfrequenz den Weg ins Netz zu verbauen, sind auf der Sekundärseite des Netztrafos zwei Drosseln vorgesehen. Außerdem ist das Blechpaket des Trafos mit Masse bzw. dem Schutzkontakt verbunden. Die Resonanzfrequenz der Tesla-Spule ist wieder wie bei allen Tesla-Versuchsaufbauten durch Aufbau und Windungszahl fest vorgegeben. Hier kann nachträglich nichts mehr geändert werden. Übereinstimmung von Primär- und Sekundär-Resonanzfrequenz kann auf einfache Weise nur durch entsprechende Anzapfpunkte an der Primärspule oder durch Variation des Kapazitätswertes erzielt werden. Für gute Experimentierergebnisse ist es jedenfalls von größter Bedeutung, daß die Übereinstimmung von Primär- und Sekundär-Resonanzfrequenz so genau wie möglich ist. Die Qualität des Kondensators hinsichtlich Eigeninduktivität und Isolationswiderstand ist für optimale Funktion ebenfalls von großer Bedeutung. Außerdem sollte die Induktivität der Drosseln in dieser Applikation wesentlich höher als die Primärspuleninduktivität sein ($L \geqq 1$ mH). Wer die Resonanzabstimmung nicht π mal Daumen über die maximal mögliche Sekundärfunkenschlagweite vornehmen will, erhält im folgenden einige einfache Abstimmungs- und Messtips.

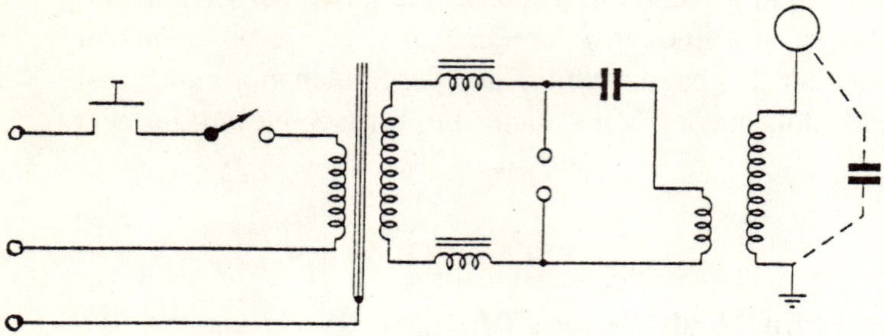

Abb. 56: Schaltung des High-Power-Tesla-Generators (Version 2)

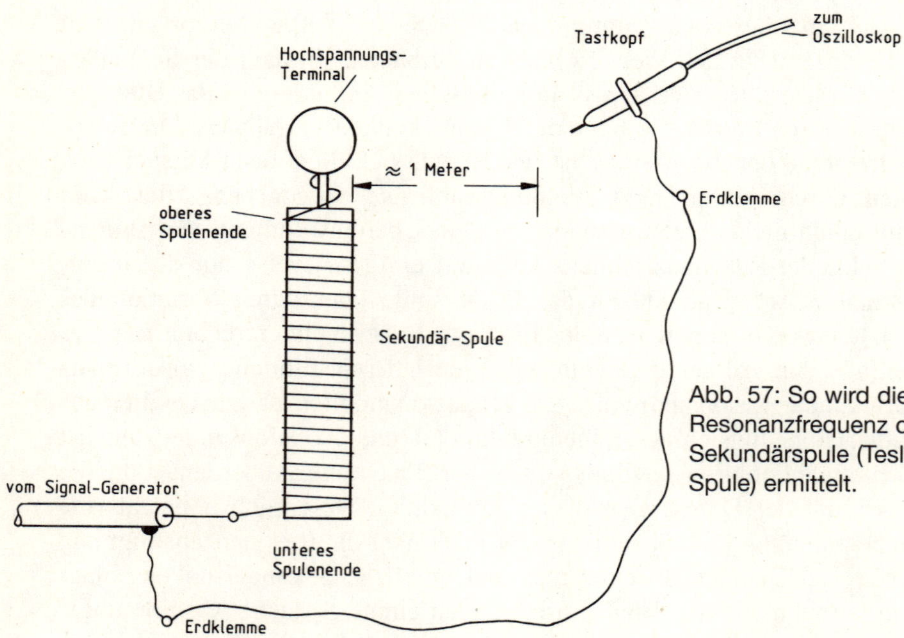

Abb. 57: So wird die Resonanzfrequenz der Sekundärspule (Tesla-Spule) ermittelt.

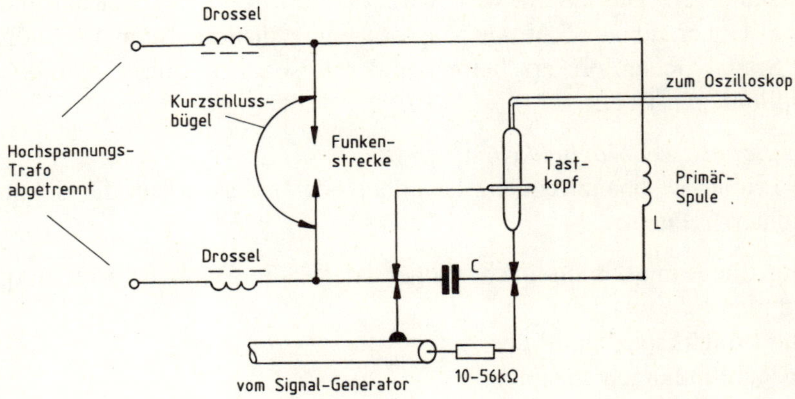

Abb. 58: So wird die Resonanzfrequenz des Primärkreises ermittelt

3.2.1 Abstimmungs- u. Meßtips

Ermittlung der Resonanzfrequenz der Sekundärspule

Aus *Abb. 57* ist die Vorgehensweise ersichtlich. Zunächst muß die Spule aufrecht auf einen Holztisch gestellt werden. Dabei ist darauf zu achten, daß sich im Umkreis von etwa einem Meter weder ein Metallteil noch der Primärkreis befindet. Nun wird am unteren Ende der Spule ein Signalgenerator (0 – 2 MHz) angeschlossen. Anschließend wird ein Oszilloskop-Tastkopf in etwa 1 Meter Entfernung vom oberen Spulenende fixiert. Dann wird sowohl der Signal-Generator als auch das Oszilloskop auf den 100 mV-Bereich eingestellt. Beim Durchdrehen der Ausgangsfrequenz des Generators beobachtet man dann den Bildschirm.

Bei Sekundärspulen hoher Güte kann der Resonanzanstieg der Signalspannung sehr plötzlich erfolgen.

Abstimmung der Primärspule

Für diese Abstimmung muß die Sekundärspule außer Reichweite gebracht werden. Aus *Abb. 58* ist die Meßanordnung zu ersehen. Für die Messung ist der Hochspannungstrafo abgetrennt und die Funkenstrecke mit einem Kurzschlußbügel überbrückt. Nun wird ein Oszilloskop und ein Signalgenerator

(0 – 2 MHz) mit einem Vorwiderstand von 56 kΩ am Primärkondensator C angeschlossen. Das Oszilloskop wird auf 100 mV pro Teilstrich und der Signal-Generator auf 5 V Ausgangsspannung justiert. Beim Durchdrehen des Signal-Generators erscheint bei der Resonanzfrequenz plötzlich ein Amplitudenanstieg.

Nun gibt es zwei Möglichkeiten:
Die Primär-Resonanzfrequenz ist höher oder niedriger als die Sekundär-Resonanzfrequenz.

Wenn die Primärkreisfrequenz höher ist als die Sekundär-Kreisfrequenz kann man

- die Primärkapazität erhöhen
- mehr Windungen anzapfen
- Draht von der Sekundärspule abwickeln bis beide Frequenzen übereinstimmen
- die kugelförmige Elektrode verkleinern.

Wenn die Primärkreisfrequenz niedriger ist als die Sekundärkreisfrequenz, kann man

- weniger Primärwindungen anzapfen
- die Primärkapazität verringern
- zusätzliche Windungen auf die Sekundärspule aufbringen bis beide Frequenzen übereinstimmen
- die kugelförmige Elektrode vergrößern.

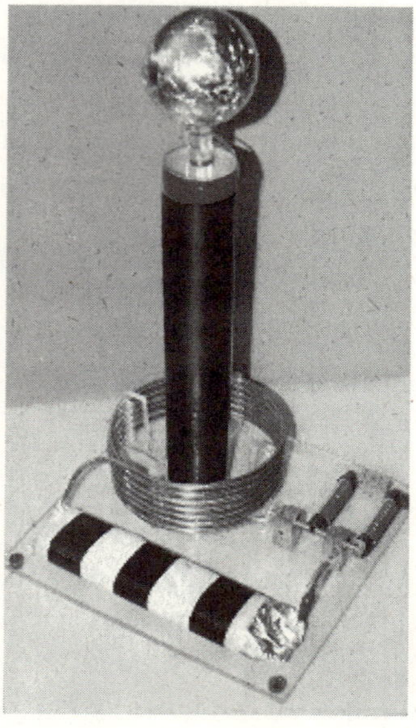

Abb. 59: Aufbau des High Power-Tesla-Generators (Version 2)

Wer die kugelförmige Elektrode übrigens der Sekundärspule zu nahe montiert, verliert wie schon erwähnt Spulengüte, da sich die Elektrode dann wie eine Kurzschlußwindung verhält.

Leistungsbetrachtungen

Da die Funkenstrecke Impulsspitzenströme von mehreren hundert Ampere standhalten muß, sollten die Elektroden aus Silberstahl sein oder temperaturfeste Karbidspitzen aufweisen. Auch Wolfram-Elektroden für Punktschweißgeräte sind gut geeignet. Auch spitz zugefeilte Kohlestifte aus 4.5V-Taschenlampenbatterien (Flachbatterien) sind gut geeignet. Wie bereits erwähnt sind einfache Funkenstrecken nur eine Notlösung, weil durch die starke Ionisation in den Überschlagspausen Energie von der Sekundärspule zurückfließt. Durch Löschfunkenstrecken oder rotierende Funkenstrecken, wie sie in der folgenden Applikation beschrieben werden, wird die Lichtbogenbildung beim Abschalten weitgehend unterdrückt. Als Trafos eignen sich auch Streufeld-Hochspannungstrafos, mit denen Leuchtstoff-Reklameschriften betrieben werden.

Die Trafogröße einschließlich des Kapazitätswertes bestimmt die maximal erzielbare Leistungsabgabe des Tesla-Generators. Z. B. hat ein Neon-Streufeld-Transformator mit einer Ausgangsspannung von 7500 V und 60 mA Betriebsstrom eine Innenimpedanz von 125 kΩ. Die beste Leistungsanpassung wird also mit einem Kondensator der gleichen Impedanz erzielt.

$$X_C = \frac{1}{2\pi f \cdot C}; \quad C = 25\ \text{nF}$$

Es können sowohl Luft- als auch Ferritdrosseln verwendet werden. Luftdrosseln können entsprechend der angegebenen Wheeler-Formel berechnet werden. Der gewählte Wert sollte nicht unter 1 mH liegen. Die Impedanz der Drossel errechnet sich mit der Formel

$$X_L = 2\pi f \cdot L$$

Bei dem in *Abb. 59* aufgebauten Tesla-Generator wird der Hochspannungstrafo extern angeschlossen. Die Drosseln bestehen aus bewickelten Ferritstäben. Wegen der Hitzeabfuhr ist die Funkenstrecke sehr massiv ausgeführt. Der Kondensator von 0,1 µF wurde aus Haushaltsmaterialien selbst aufgebaut.

Der in *Abb. 59* nicht gezeigte Hochspannungstrafo liefert eine Spitzenspannung von 9000 V. Maßgebend für das Design der Tesla-Spule ist der verwendete Hochspannungstrafo und die Kondensatorkapazität von 0,1 µF. In *Abb. 59* ist kaum erkennbar, wie groß die Abmaße dieses Tesla-Generators sind.

Die Grundplatte besteht aus Acrylglas mit den Abmaßen 1,30 m x 1,30 m. Die Tesla-Spule wurde mit jeweils einem Drahtdurchmesser Zwischenraum gewickelt. Es wurden 1000 Windungen mit 0,56 mm Ø Kupferlackdraht auf das 25 cm dicke PVC-Rohr aufgebracht. Bei dem PVC-Rohr handelt es sich um ein Abflußrohr aus einem Baumarkt, das auf 1,15 m Länge zugeschnitten wurde. Die Windungen wurden zunächst bifilar, d. h. mit doppeltem Draht (wie bei einer Nähnadel) aufgewickelt. Nach dem Fixieren beider Enden wurde der Platzhalterdraht wieder abgewickelt. Anschließend wurde die Wicklung mit farblosem Imprägnierlack, wie in Modellbaugeschäften erhältlich, fixiert. In 25 cm Entfernung zum oberen Ende der Tesla-Spule wird die Kugelelektrode mit 23 cm Durchmesser an einem Acrylstab befestigt. Derartige Metallkugeln sind in Heimwerkergeschäften und Geschenkeläden manchmal kostengünstig zu bekommen. Die Induktivität wurde mit 45 mH und die Wicklungskapazität mit 19,1 pf ermittelt. Die Kapazität der Kugelelektrode beträgt etwa 7,2 pf. Die gesamte sekundäre Kapazität beträgt somit 26,3 pf.

Die Primärspule hat ebenfalls enorme Ausmaße. Sie hat 7 Windungen aus versilbertem 9 mm Ø starkem Kupferrohr. Gewickelt wurde die Spule auf einem Dorn, mit einem Innendurchmesser von 66 cm. Die Höhe der Spule beträgt 8 cm. Zur stabilen Fixierung dienen 6 mit 7 Kerben versehene Stützpfeiler aus Acrylglas. Die Funkenstrecke enthält 2 Elektroden aus 12 mm Ø starkem Messingrundmaterial mit hart aufgelöteten Karbid-Hartmetallspitzen.

Beide Elektroden werden in Messingklötzen montiert, wobei eine Elektrode beweglich ist, um den Elektrodenabstand einjustieren zu können. Als Primärinduktivität wurde 11,8 µH gemessen. Der in Handarbeit hergestellte Kondensator wurde während der Abstimmungsarbeiten solange verändert, bis der Primärkreis die gleiche Resonanzfrequenz wie der Sekundärkreis, nämlich 146,5 kHz aufwies. Als Primärgüte wurde ein Wert von 50 und als Sekundärgüte ein Wert von 180 ermittelt. Die komplette Bauanleitung für diesen Tesla-Generator erschien im März 1995 in der englischen Zeitschrift Electronics World + Wireless World. Bevor wir zur nächsten Applikation übergehen, sollen noch einige nützliche Formeln und Sicherheitsregeln genannt werden.

Grundformeln:

Kapazität der Kugelelektrode an der Spitze einer Tesla-Spule:

$$C = \frac{d^2}{7250}\ [\text{pf}]$$

Dabei ist d der Kugeldurchmesser in mm. Es wird von einer Montagehöhe von $d/_{25}$ oberhalb der letzten Sekundärwindung ausgegangen.

Für eine Ringelektrode gilt: $C = \frac{(d_1\text{-}d_2)d_2}{3000}$ [pf]

Dabei ist d_1 der Ringaußendurchmesser. d_2 ist der Durchmesser des Rohres.

Induktivität der Sekundärspule (Wheeler-Formel): $L = \frac{r^2 \cdot r^2}{9r + 10\,h}$ [µH]

Dabei ist n die Windungszahl, r der Spulenradius in Zoll (1 Zoll = 2,54 mm) und h die Spulenhöhe in Zoll.

Der empfohlene minimale Drahtdurchmesser ist: $d_{ø} = \frac{200}{\sqrt{f}}$ [Hz]
($d_{ø}$ in mm)
wobei $f = \frac{1}{2\pi\sqrt{L \cdot C}}$ [Hz]

L ist dabei die Sekundär-Induktivität in Henry und C ist die Summe aus Windungskapazität und Elektrodenkapazität. Da C zuerst berechnet werden kann, sind L und f variable Werte.

Berechnung der Primärspule:

Die minimale Steigungshöhe pro Windung sollte sein

$S = 0.07\ V_c + \frac{D_{Draht}}{25}$[mm]

Dabei ist V_c die Kondensatorspitzenspannung in kV.

Berechnung der Tesla-Spitzenausgangsspannung an der Sekundärspule:

$$V_{out} = \frac{Q_i \cdot V_c}{1 + \left(\frac{1}{K} \cdot \sqrt{\frac{L_{Primär}}{L_{Sekund.}}}\right)}$$

Dabei ist K der Kopplungsfaktor. Q ist die Güte, ermittelt aus der Bandbreite der gekoppelten Kreise, dividiert durch die Resonanzfrequenz. V_c ist die Kondensatorspitzenspannung.

Sicherheitsregeln im Umgang mit Tesla-Generatoren:

Es sollte niemals:

- der Tesla-Generator in die Nähe von entflammbaren Substanzen, Dämpfen und Gasen in Betrieb genommen werden
- irgendein Teil des Primärkreises geerdet werden

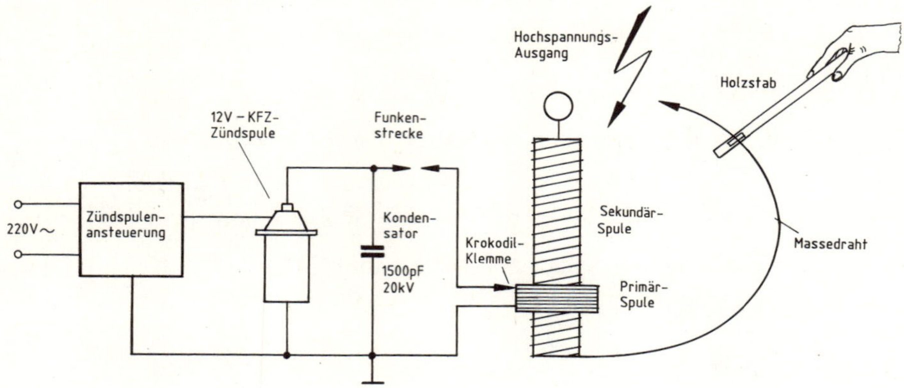

Abb. 60: Schaltung des Tesla-Generators mit Kfz-Zündspule (Version 3)

- längere Zeit die Funkenstrecke beobachtet werden, da das Licht einen starken Ultraviolettanteil hat
- eine Person versuchen, die Entladung eines Highpower-Tesla-Generators (wie in der letztgenannten Applikation) auf sich zu ziehen. Dies gilt weniger wegen der Gefahr elektrischer Schläge, als wegen der Gefahr starker Verbrennungen und des Anteils an zusätzlich übertragenem 100 Hz-Wechselspannungsanteil, der sich wie bei einem Elektrisiergerät sehr unangenehm bemerkbar macht.

Es sollte immer:

- der untere Anschluß der Tesla-Spule in unmittelbare Nähe der Kugelelektrode geführt werden, um beim ersten Einschalten und unbekannten Schlagweiten Überraschungen zu vermeiden
- der Hochspannungstrafo vom Netz getrennt werden, wenn die Funkenstrecke justiert wird. Falls sich der Trafo durch Zufall oder Fahrlässigkeit plötzlich einschaltet, liegen an der Funkenstrecke tödliche Spannungen.

3.3 Tesla-Generator mit Kfz-Zündspule (Version 3)

Der im folgenden beschriebene Tesla-Generator bringt es auf Ausgangsspannungen zwischen 150 000 und 225 000 Volt, mit einer Schlagweite von 25 cm bis 35 cm. Voraussetzung ist natürlich, daß Primär- und Sekundärkreis miteinander in Resonanz sind.

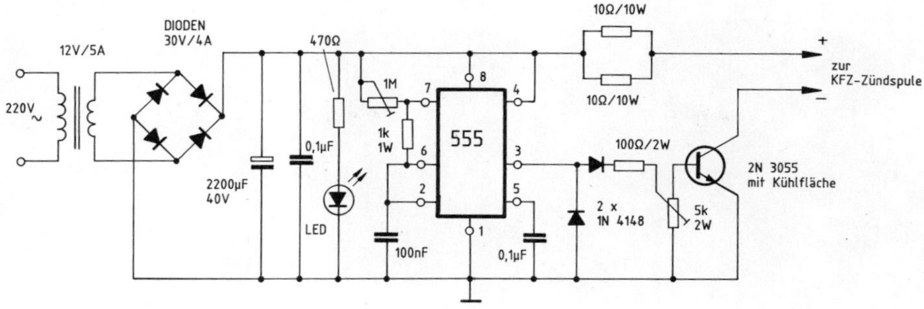

Abb. 61: Zündspulenansteuerung (Version 3)

Der Generator besteht aus 5 Funktionseinheiten:

- Ansteuerschaltung
- Kondensator
- Funkenstrecke
- Primärspule
- Sekundärspule

Ansteuerschaltung

Aus *Abb. 60* ist die Schaltung des Tesla-Generators zu ersehen. Die Zündspulenansteuerung aus *Abb. 61* wurde bereits auf Seite 21 angesprochen. Diese Schaltung eignet sich hervorragend zur Ansteuerung des Tesla-Primärkreises. Die Schaltung kann sowohl aus dem 220 V-Netz wie auch aus einer 12 V-Batterie versorgt werden. Das Timer-IC 555 arbeitet in dieser Konfiguration als astabiler Multivibrator. Die Schwingfrequenz ist mittels des 1 MΩ -Trimmers einstellbar.

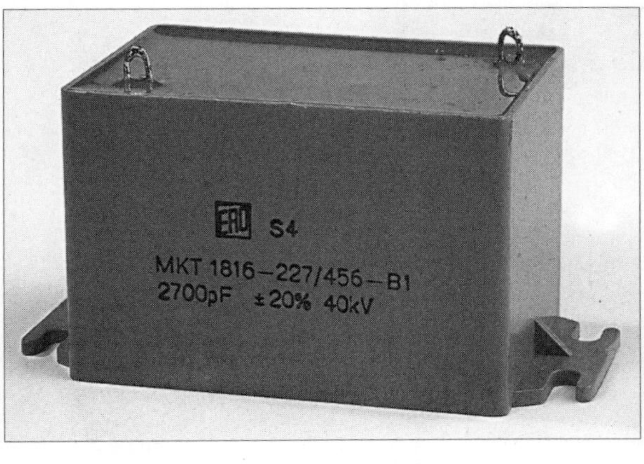

Abb. 62: Hochspannungs-Kondensator 2700 pf ± 20%, 40 kV

Abb. 63: Hochspannungs-Kondensatoren 3300 pf, 30 kV

Abb. 64: Hochspannungs-Kondensator 0,25 µF, 6 kV

Abb. 65: 3 parallel geschaltete Hochspannungskondensatoren mit je 500 pf/20 kV für den Tesla-Generator in Abb. 60

Der Impulsausgang des 555 steuert die Basis des 2N3055-Leistungstransistors an. Der Grad der Ansteuerung ist mit dem 5 kΩ-Potentiometer einstellbar. Die Kollektorleitung des 2N3055 führt schließlich auf den Minus-Eingang einer ganz normalen 12 V-Kfz-Zündspule. Kfz-Zündspulen sind auf jedem Autofriedhof für ein paar Mark zu bekommen. Im Notfall muß man sich im Ersatzteilelager großer Autofirmen eine neue Zündspule beschaffen.

Kondensator

Viele Hobby-Elektroniker stellt die Beschaffung oder der Selbstbau von Hochspannungskondensatoren vor große Probleme. Im allgemeinen werden für Tesla-Generatoren Kondensatoren im Kapazitätsbereich zwischen 2 nF und 0,2 µF mit einer Prüfspannung von 10 kV bis 30 kV benötigt. Leydener Flaschenkondensatoren sind zwar relativ leicht herzustellen, brauchen aber viel Platz, weil zum Erreichen des gewünschten Kapazitätswertes meist einige parallel geschaltet werden müssen.

Noch mehr Platz nehmen doppelt beschichtete Epoxyd-Leiterplatten ein. Damit es an den Rändern nicht zu Funkenüberschlägen kommt, muß die Kupferfolie 5 cm vom Rand auf beiden Seiten mittels eines großen Lötkolbens entfernt bzw. wie von einem Isolierband abgezogen werden. Da für einen brauchbaren Kapazitätswert mindestens ein Quadratmeter Leiterplattenmaterial benötigt wird, kann kein kompaktes Gerät aufgebaut werden. Versandhändler (z. B. Firma Singer in Aachen, Firma Hartnagel in München, Schillerstraße, Firma Bürklin in München, Schillerstraße, Firma Oppermann in Steyerberg) haben meist Hochspannungskondensatoren aus alten Fernseh-, Fotokopier-, Radar- oder Röntgengeräten im Surplus-Angebot. In *Abb. 62 bis 65* werden typische Hochspannungskondensatoren gezeigt.
Für die hier beschriebene Applikation wird ein Kondensator mit 1500 pf und 20 kV benötigt. Wird der gewünschte Kapazitätswert nicht erreicht, können mehrere Kondensatoren wie in *Abb. 65* gezeigt (3x 500 pf) parallel geschaltet werden. Überschreitet die Spitzenspannung des Hochspannungstrafos die Prüfspannung des Kondensators, kann dieser durchschlagen und im ungünstigsten Fall in Flammen aufgehen. Um dies zu vermeiden können z. B. zwei oder mehr Kondensatoren hintereinandergeschaltet werden. Damit erhöht sich die Prüfspannung auf den doppelten oder n-fachen Wert. Die Gesamtkapazität verringert sich dabei natürlich um die Hälfte bzw. auf den 1/n-fachen Wert.

Funkenstrecke

Eines der wichtigsten Bauelemente eines Tesla-Generators ist die Funken-

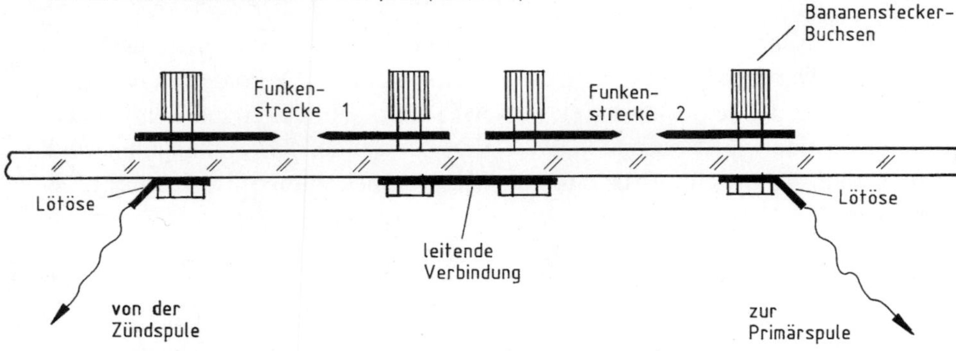

Abb. 66: Doppelfunkenstrecke

strecke. Meist ist eine unprofessionelle Funkenstrecke die Ursache vieler Enttäuschungen. Wie bereits erwähnt, wird beim Funkenüberschlag die Luft erhitzt und ionisiert, sodaß vorübergehend fast ein Vakuum entsteht. Ein neuer Funkenüberschlag kann nun solange nicht stattfinden bis frische, gekühlte Luft in den Überschlagsbereich eindringen kann.

Idealerweise sollte ein Tesla-Generator wenigstens zwei hintereinandergeschaltete Funkenstrecken oder die bereits angesprochene Löschfunkenstrecke enthalten. Die Firma Leybold (München) liefert für den Physikunterricht die in *Abb. 33* gezeigte Löschfunkenstrecke. Hintereinandergeschaltete Funkenstrecken neigen nicht zu leicht zum Überhitzen, sodaß es sinnvoll ist, zwei oder gar vier Funkenstrecken hintereinander zu schalten. Tesla-Freaks behaupten, daß je nach Anzahl der hintereinandergeschalteten Funkenstrecken die Leistung des Tesla-Generators zunimmt. Boshafterweise

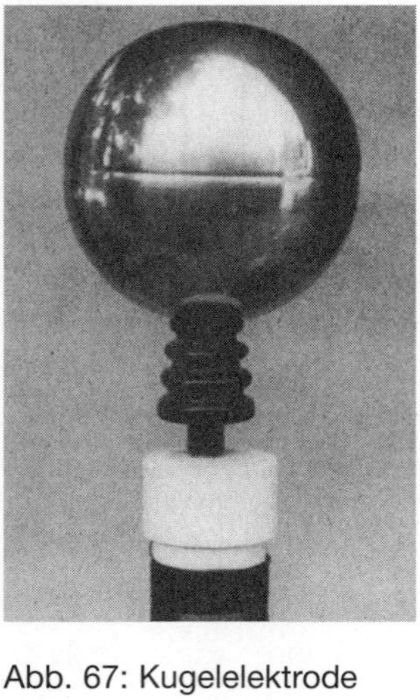

Abb. 67: Kugelelektrode

Abb. 68: Gardinenknöpfe aus Metall als Kugelelektroden

mußte der Autor feststellen, daß er mit Einzelfunkenstrecken genauso gut gefahren ist.

Abb. 66 zeigt den konstruktiven Aufbau einer Doppel-Funkenstrecke. Als Elektroden eignen sich z. B. Punktschweißstäbe aus Wolfram oder zugespitzte Kohlestifte aus Taschenlampenbatterien (4.5 V-Flachbatterie).

Primärspule

Die Primärspule besteht aus 15 Windungen Kupferdraht mit 2 – 3 mm$^{\varnothing}$ Drahtdurchmesser. Die Steigung pro Windung ist etwa 12 mm. Die Spule wird am besten auf eine Plastik-Dose (z. B. Tupperdose) mit ca. 20 cm Außendurchmesser gewickelt. Solche Dosen sind in Haushaltswarengeschäften oder Geschenkeläden relativ billig zu bekommen. Eine Lage doppelt klebendes Tesaband rund um die Dose erleichtert das Aufwickeln der Primärspule.

Sekundärspule

Die Sekundärspule besteht aus 1080 Windungen mit 0,32 mm$^{\varnothing}$ Kupferlackdraht. Die Spule wird auf ein 38 cm langes PVC-Rohr mit einem Außendurchmesser von etwa 8,9 cm gewickelt. Leichte Abweichungen in den Abmaßen sind dabei ohne weiteres zulässig.

Die Windungen werden eine nach der anderen spiralförmig ohne Zwischenraum und ohne sich zu überlappen auf dem mit doppelt klebender Folie oder Tesaband umwickelten PVC-Rohr aufgebracht. Die Spulenenden werden mit normalem Isolierband abgesichert. Abschließend wird die Spule mit farblosem Modellbau-Lackspray oder Isolierspray fixiert. Das Aufbringen der Kugelelektrode und das Befestigen der Tesla-Spule auf der Grundplatte ist der Fantasie des Konstrukteurs überlassen. Einen Lösungsvorschlag zeigt *Abb. 67*. Als Kugelelektroden eignen sich gut runde Türknöpfe

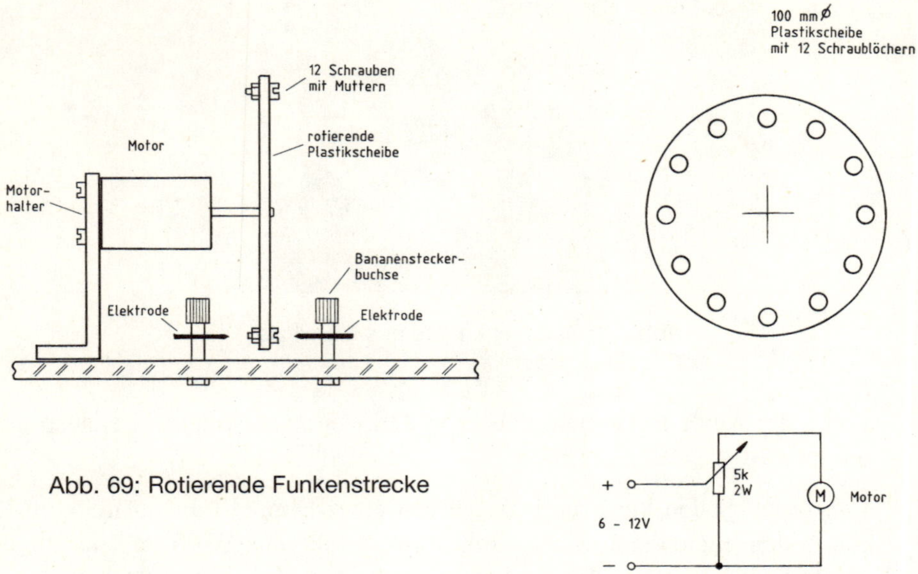

Abb. 69: Rotierende Funkenstrecke

oder Gardinenknöpfe zum Auf- und Zuziehen von Gardinen entsprechend *Abb. 68*. Als Befestigungsmaterial mit guten Hochspannungseigenschaften eignet sich außer Epoxyd und PVC auch glasklares Acrylmaterial, wie man es in Heimwerkermärkten erhält.

Inbetriebnahme

Nach dem Zusammenbau sämtlicher Teile wird mit einer Krokodilklemme zunächst die Mitte der Primärspule abgegriffen. Anschließend werden die zwei Funkenstrecken so justiert, daß die Elektroden einen jeweiligen Abstand von 1-3 mm haben. Nach dem Einschalten des Tesla-Generators sollten an den Funkenstrecken kräftige weiß-blaue Funken überschlagen. Für optimale Funktion sollten die Elektroden so weit als möglich auseinanderstehen und die Funken regelmäßig überschlagen.

Achtung:
Alle Einstellungen sollten nur in ausgeschaltetem Zustand vorgenommen werden. Am Kondensator, den Primärfunkenstrecken und der Primärspule liegen Spannungen, die tödlich sein können.

Zur Überprüfung der Schlagweite der Tesla-Spule wird entsprechend *Abb. 60* ein an einem Holzstab befestigter Massedraht in die Nähe der Kugelelektrode gebracht. Wenn der entstehende Funken nicht mindestens 10 cm lang ist, wird der Generator abgeschaltet und die Krokodilklemme nach oben oder unten versetzt. Beim Wiedereinschalten wird die neue Schlagweite registriert. Auf diese Weise tastet man sich ohne aufwendige Meßverfahren nach und nach an die größtmögliche Schlagweite heran. Gleichzeitig können noch die Elektrodenabstände der beiden Funkenstrecken justiert werden. Weitere Einstellmöglichkeiten gibt es in der Ansteuerschaltung mittels des 100 kΩ-Trimmers und des 5 kΩ-Potentiometers. Wird statt der Kugelelektrode eine Nadelelektrode auf die Tesla-Spule montiert, lassen sich bei optimalen Einstellungen Funkenschlagweiten von 25 – 30 cm beobachten. Die Überschläge über diese große Distanz sind am besten bei Dunkelheit zu sehen. Wird der Sekundärelektrodenabstand auf 15 bis 20 cm verringert, sind auch bei Tageslicht kräftige Funkenüberschläge zu beobachten.

Rotierende Funkenstrecke

Wie schon erwähnt, haben Tesla-Freaks herausgefunden, daß von einer gut funktionierenden Funkenstrecke Erfolg oder Mißerfolg abhängt. Serienfunkenstrecken sind besser als Einzelfunkenstrecken, aber rotierende Funkenstrecken sind angeblich das Non-plus-ultra. Eine rotierende Funkenstrecke besteht aus bis zu 12 Funkenüberschlagsstellen. Jedesmal wenn eine Überschlagsstelle die Elektroden passiert, wird ein Funke erzeugt.

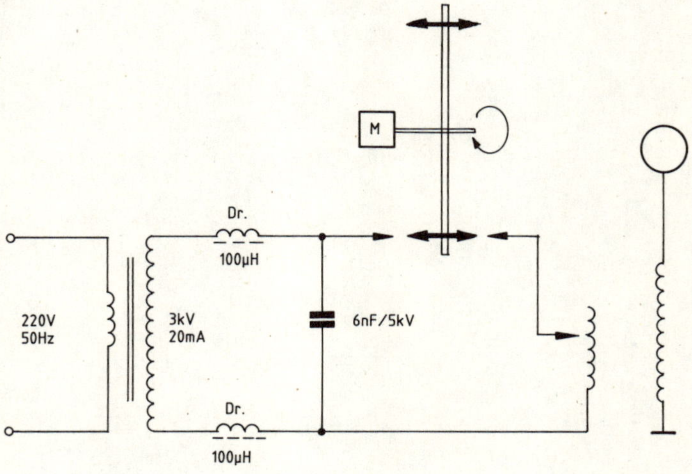

Abb. 70: Netzbetriebener Tesla-Generator mit rotierender Funkenstrecke

Da jede Stelle nur einmal pro Umdrehung beaufschlagt wird, kann es zu keiner Überhitzung kommen. Dazu kommt noch der Ventilator-Effekt, der laufend für Frischluftzufuhr sorgt. Eine rotierende Funkenstrecke kann z. B. wie in *Abb. 69* gezeigt, aufgebaut werden. Die Elektroden bestehen aus 2 – 3 mm starken Messing- oder Eisenstäben.

In diesem Beispiel wird ein 12 V-Gleichstrommotor mit Regel-Potentiometer verwendet. Durch Verändern der Drehzahl von 0 bis 5000 UpM kann Einfluß auf die Ausgangsspannung der Tesla-Spule genommen werden. Ein weiterer Vorteil der rotierenden Funkenstrecke besteht in der Tatsache, daß die Elektroden nicht abbrennen und deshalb nur einmal justiert werden müssen.

Abb. 70 zeigt einen netzbetriebenen Tesla-Generator mit rotierender Funkenstrecke. In Abb. 71 wird ein alter Funkensender mit einer rotierenden Funkenstrecke betrieben.

Zum Abschluß dieser Applikation noch einige interessante Experimente:

Versuch mit einer Neonröhre

Bringt man eine stabförmige oder runde Leuchtstoffröhre entsprechend *Abb. 72 und 73* in die Nähe der Kugel- oder Spitzenelektrode am Ende einer Tesla-Spule, leuchtet sie hell auf. Diese Art der berührungslosen Energie-

Abb. 71: Alter Funkensender mit rotierender Funkenstrecke

Abb. 72:
Tesla-Generator regt
Leuchtstofflampe
zum Leuchten an

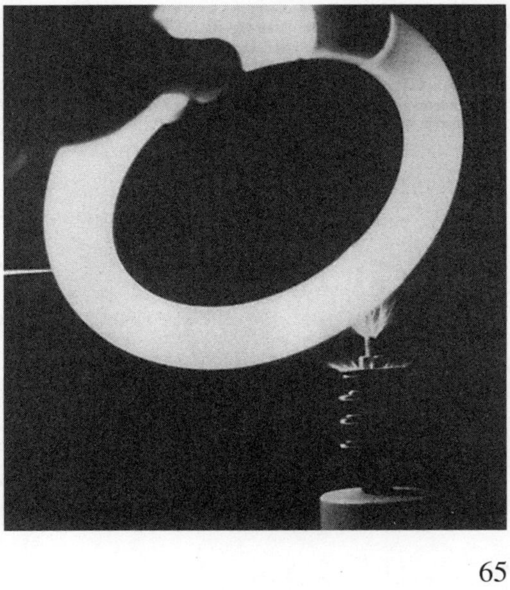

Abb. 73: Ringförmige
Leuchtstofflampe
erstrahlt im Energiefeld

übertragung schwebte Nikola Tesla vor, als er seine Spulenkonstruktionen erprobte.

Versuch mit Pseudo-Plasmakugel

Wird eine 220 V-Glühlampe in die Nähe der Kugelelektrode gebracht, sieht man zwischen den Metallkontakten und der Glasinnenwand blaue Entladungsblitze ähnlich wie bei richtigen Plasmakugeln.

Elektrische Durchdringung eines Isolators

Zunächst wird die Kugelelektrode gegen eine Spitzenelektrode ausgetauscht. Anschließend wird eine große, klare Glasscheibe auf die Spitzenelektrode gelegt. Ein zur Masse führender Draht wird dann auf der anderen Seite der Scheibe plaziert. Nun läßt sich deutlich beobachten, wie die Funken das Glas durchdringen. Obwohl Glas ein guter Isolator ist, durchdringen die hochfrequenten Hochspannungen der Tesla-Spule scheinbar widerstandslos das Glas. Auch Holz, Kunststoff und Porzellan wird mühelos durchdrungen. Wer in der Nähe eines Tesla-Generators einen Lang- oder Mittelwellenradio einschaltet, wird außer Brazzeln und Zischen nicht viel hören. Der Grund liegt in den hochfrequenten Störspektren der Funkenstrecke und der Tesla-Spule. Im übrigen gibt es kaum ein elektrisches oder elektronisches Gerät, das in der Nähe eines Tesla-Generators noch korrekt arbeitet. Dies kann unter Umständen dazu führen, daß ein schnurloses Telefon klingelt, ohne daß jemand angerufen hat oder daß ein Computer Befehle ausführt, die er gar nicht erhalten hat.

Außer den in diesem Buch behandelten Tesla-Bauvorschlägen gibt es natürlich noch eine Menge anderer Konstruktionen, bis hinauf zu Ausgangsspannungen von 6 Millionen Volt. Im Anhang ist das Angebot eines Tesla-Spulen-Lieferanten aus den USA abgedruckt. Ebenfalls im Anhang findet sich die Adresse der Tesla Coil Builders Association, in der jeder Interessent Mitglied werden kann.

Ein Teil der faszinierenden Farbbilder im Buch stammen von der US-Firma Resonance Research Inc.. Diese Firma bietet hauptsächlich für Museen und für den Physikunterricht Hochspannungs- und Tesla-Generatoren an. Das Angebotsspektrum ist aus dem Anhang zu ersehen.

4 Solid-State-Tesla-Generatoren

Von Solid-State-Tesla-Generatoren wird gesprochen, wenn der Aufbau rein elektronisch ist, d. h. keine Funkenstrecke in der Schaltung enthalten ist. Als „Tesla-Spule" bietet sich für einen derartigen Generator ein modifizierter Zeilentrafo aus alten Fernsehgeräten an.

4.1 Solid-State-Tesla-Generator (Version 1)

Aus *Abb. 74* geht die Schaltung hervor, während *Abb. 75* den Versuchsaufbau zeigt. Ein typischer Zeilentrafo mit einer Ankopplungswindung ist in *Abb. 76* wiedergegeben.

Aufgrund der geringen Betriebsspannung, der fehlenden Resonanz und der Isolationsfestigkeit ist die Ausgangsspannung nur ein Bruchteil der Ausgangsspannung eines normalen Tesla-Generators mit Funkenstrecke. Trotzdem erzeugt der in *Abb. 74* wiedergegebene Generator ca. 25 000 V und ist damit

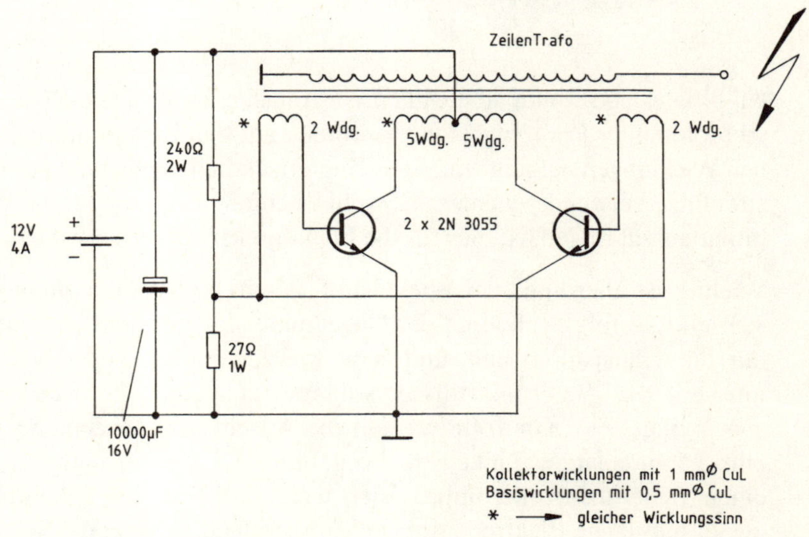

Abb. 74: Schaltung des Solid-State-Tesla-Generators (Version 1)

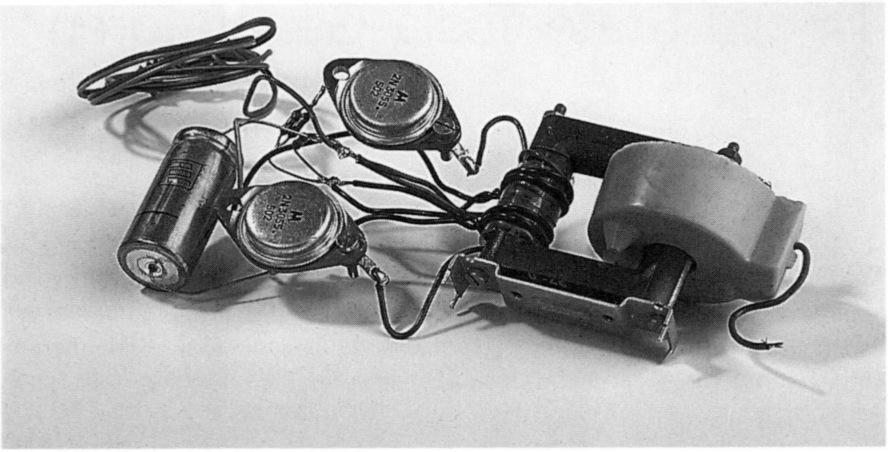

Abb. 75: Versuchsaufbau des Solid-State-Tesla-Generators (Version 1)

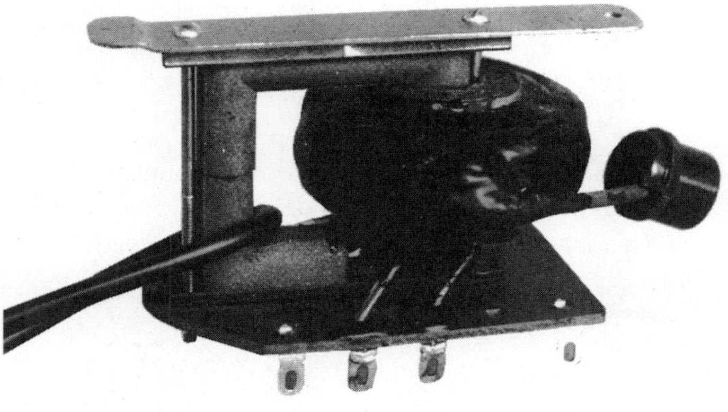

Abb. 76: Typischer Zeilentrafo aus altem Fernsehgerät

ein billiger und wenig arbeitsintensiver Einstieg in die Tesla-Welt. Nach dem Abrupfen aller Primärwicklungen werden auf den Zeilentrafo die angegebenen Wicklungen aufgebracht. Statt Kupferlackdraht kann auch normale Starkstromlitze verwendet werden. Obwohl es empfehlenswert ist, die Windungen bifilar aufzubringen, ist dies für die Funktion keineswegs erforderlich.

Wichtig ist allerdings der Wickelsinn. Wenn die Rückkopplung nicht phasenrichtig erfolgt, schwingt der Gegentaktoszillator nicht an. Dann werden nur die Transistoren heiß und sonst passiert nichts. Falls dies geschieht, müssen die Basisanschlüsse solange ausgetauscht werden, bis er anschwingt. Zur Kontrolle werden die Anschlüsse der Sekundärspule auf eine 25 mm lange Funkenstrecke geführt. Dies kann natürlich auch mit einem Schraubenzieher improvisiert werden. Wenn die Funken problemlos die 25 mm lange Elektrodenstrecke überspringen, arbeitet die Schaltung korrekt. Falls der Generator nicht anschwingen will, muß der 240 Ω-Widerstand auf die Hälfte verringert werden. Mit Solid State-Tesla-Generatoren können gasgefüllte Plasmakugeln, wie in *Abb. 77* und *78* gezeigt, betrieben werden.

Die Kosten für eine professionelle Plasmakugel, wie sie z. B. die Firma LC-Elektronik anbietet, kann man sich sparen, wenn man eine gewöhnliche, großkugelige 220 V-Schaufensterdekorationslampe entsprechend *Abb. 79* verwendet. Wird der Sockel der Lampe mit dem Ausgang des Zeilentrafos verbunden, leuchten die Restgase mit bläulich-züngelnden Flammen.

4.2 Solid-State-Tesla-Generator (Version 2)

Der folgende in *Abb. 80* gezeigte Solid State-Tesla-Generator stammt von Matthias Bilang aus Hamburg. M. Bilang betreibt mit dieser Schaltung seine selbstgebauten Plasmakugeln. Als Füllung eignen sich die Edelgase Argon oder Neon. Außer des Hochspannungstransistors BUY 69 C eignet sich angeblich auch die Type BU 208 A.

Abb. 77: Die Strahlung einer im Handel erhältlichen Plasmakugel (Nahaufnahme)

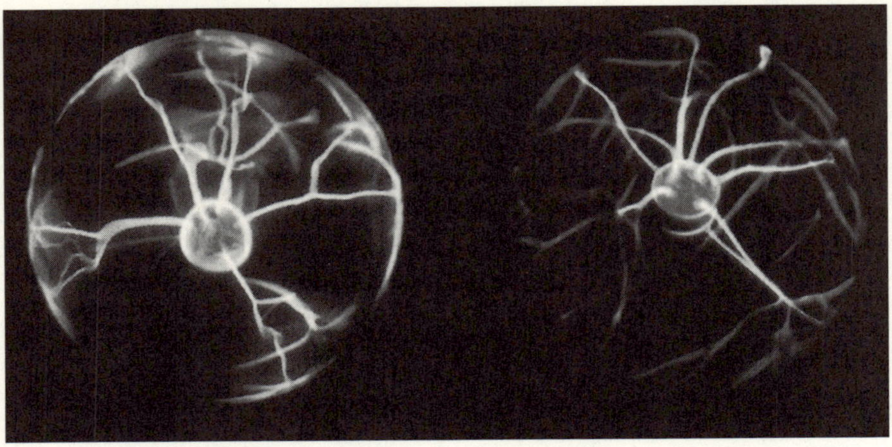

Abb. 78: Typisches Erscheinungsbild einer Plasmakugel

4.3 Solid-State-Tesla-Generator (Version 3)

In *Abb. 81* übernimmt ein Thyristor die Aufgabe der Funkenstrecke. Aus *Abb. 82* ist der Veroboard-Versuchsaufbau der Stromversorgung zu ersehen. Die Ausgangsspannung ist natürlich noch wesentlich geringer als bei den Tesla-Generatoren mit Zeilentrafo. Wer gerne mit Tesla-Generatoren experimentieren will, bietet die Schaltung aufgrund ihrer relativen Ungefährlichkeit ein reiches Betätigungsfeld. So kann durch Auswahl von C_X und L_p mit nahezu beliebigen Resonanzfrequenzen experimentiert werden. Es sind Frequenzen von 1,3 MHz bis herab zu 10 kHz möglich.

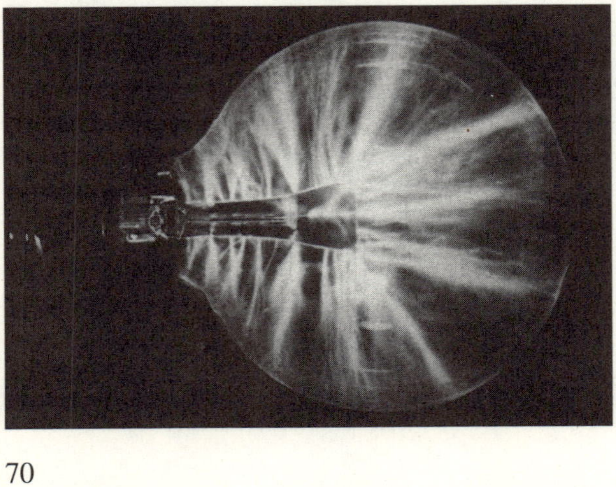

Abb. 79: 220 V-Schaufensterdekorationslampe als Pseudo-Plasmakugel

Abb. 80: Schaltung des Solid-State-Tesla-Generators (Version 2)

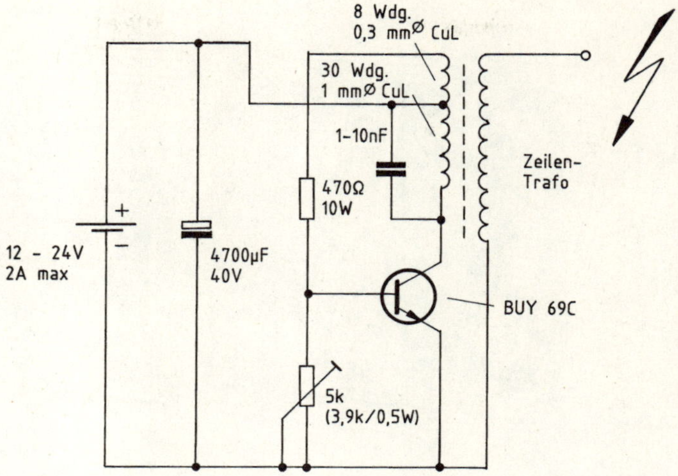

Tesla war der Überzeugung, daß sich mit niedrigen Resonanzfrequenzen Energie auf große Entfernung drahtlos übertragen läßt. Er experimentierte damals in erster Linie mit spiralförmigen Sekundärspulen in Flachbauweise. In *Abb. 83* wird eine normal gewickelte und eine bifilar gewickelte Spiralspule gezeigt.

In *Abb. 84* wird das Funktionsprinzip seiner Patentanmeldung zur drahtlosen Energieübertragung gezeigt.

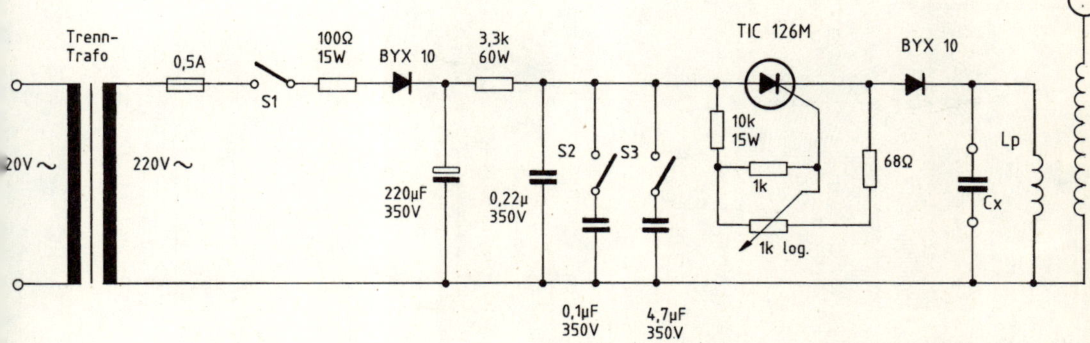

Abb. 81: Schaltung des Solid-State-Tesla-Generators mit Thyristor (Version 3)

Abb. 82: Aufbau des Solid-State-Tesla-Generators mit Thyristor (Version 3)

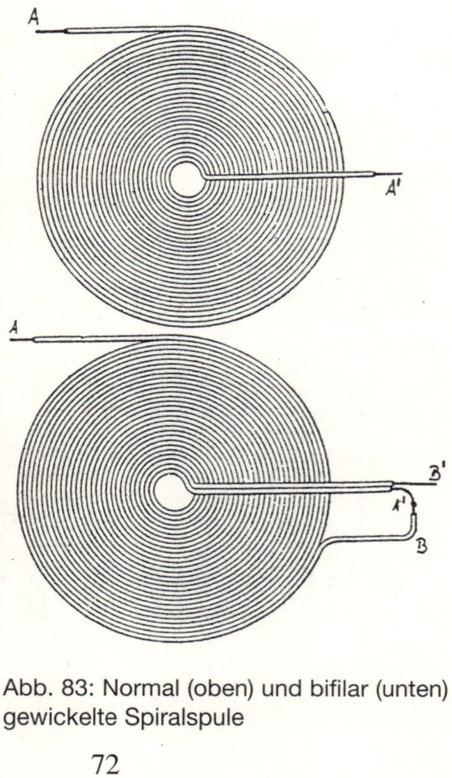

Abb. 83: Normal (oben) und bifilar (unten) gewickelte Spiralspule

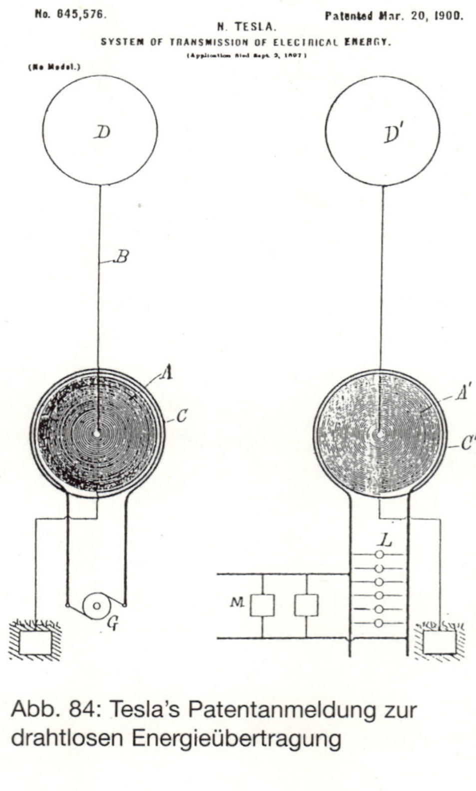

Abb. 84: Tesla's Patentanmeldung zur drahtlosen Energieübertragung

5 Historisches

Zunächst nochmals zu Tesla selbst:

Die meisten Abiturienten werden sich aus dem Physikunterricht noch an den Namen Tesla erinnern. Die magnetische Flußdichte trägt seinen Namen und der Begriff der „Tesla-Spule“ geistert noch etwas herum. Sein Hauptziel war jedenfalls Elektrizität im Megawatt-Bereich drahtlos über große Entfernungen zu übertragen. Teslas Experimente waren seiner Zeit weit voraus. Es wurde behauptet, daß er über eine Entfernung von 40 km zweihundert 50 Watt-Lampen drahtlos zum Brennen brachte.

Teslas Energie-Rätsel

Heute noch herrscht Rätselraten darüber, was Nikola Tesla denn genau in Colorado Springs entdeckt hat. Der Zeitschrift „Electrical Experimenter“ beschrieb er seine Erfindung so:
Teslas Zitat auf deutsch:

„Es handelt sich in erster Linie um einen Resonanz-Transformator mit einer Sekundärseite, deren hochgeladene Teile in bestimmten Abständen voneinander so an Oberflächen mit großen Krümmungsradien gelegen sind, daß überall eine geringe elektrische Oberflächendichte besteht. Dadurch kann keine Energie verlorengehen, selbst wenn der Stromleiter freiliegt. Das Gerät ist für jede Frequenz geeignet – von wenigen bis zu vielen Tausenden von Zyklen pro Sekunde – und kann zur Erzeugung von Starkstrom mit Niedrigspannung oder von weniger starkem Strom mit ungeheurer elektrischer Antriebskraft benutzt werden. Die maximale elektrische Spannung hängt lediglich von der Krümmung der Oberfläche ab, an der sich die geladenen Teile befinden, sowie von deren Fläche.

Meiner Erfahrung nach ist es durchaus möglich, bis zu 100 000 000 Volt zu erzeugen. Außerdem erhält man eine Stromstärke von vielen Tausenden von Ampere in der Antenne. Um solche Ergebnisse zu erzielen, braucht man nur eine relativ kleine Installation: theoretisch genügt ein Gerät mit einem Durchmesser von weniger als 90 Fuß, um eine elektrische Antriebskraft dieses Ausmaßes zu entwickeln. Zur Erzeugung von Strom von 2000 bis 4000 Ampere in der Antenne bei den gewöhnlichen Frequenzen genügt hingegen ein Gerät mit einem Durchmesser von maximal 30 Fuß.

Im engsten Sinne handelt es sich jedoch um einen Resonanz-Transformator, der außer diesen Qualitäten noch derart beschaffen ist, daß er der Erdkugel und ihren elektrischen Konstanten und Eigenschaften genau entspricht. Somit wird er höchst effizient bei der drahtlosen Übertragung von Energie. Die Entfernungen werden nämlich vollkommen ausgeschaltet, da sich die Stärke der übertragenen Stromstöße nicht verringert. Aufgrund eines exakten mathematischen Gesetzes ist es sogar möglich, die Wirkung mit zunehmender Entfernung von der Installation zu erhöhen."

Als Nikola Tesla 1900 von Colorado Springs nach New York City zurückkehrt, bringt er die Pläne zu einigen bahnbrechenden Entdeckungen mit, die die Menschheit auf einen Schlag ins dritte Jahrtausend hätte führen können. Dazu gehören (teilweise in den Worten des Erfinders selbst):

- The Tesla Transformer
  (Der Tesla-Transformator)

„Dieser Apparat ist in der Erzeugung von elektrischen Vibrationen so revolutionär wie es das Schießpulver im Kriegswesen war. Ströme, die -zigmal stärker sind als alle je auf normale Art erzeugten, und Funken von über 30 Meter Länge sind vom Erfinder mit einem derartigen Gerät produziert worden."

- The Magnifying Transmitter
  (Das verstärkende Sendegerät)

Dies ist Teslas beste Erfindung – ein neuartiger Transformator, der speziell darauf ausgerichtet ist, eine irdische Resonanz hervorzurufen, was in der Übermittlung von elektrischer Energie dasselbe ist, wie das Teleskop in der astronomischen Erkundung. Beim Gebrauch dieses wundervollen Gerätes hat Tesla schon elektrische Bewegungen von größerer Intensität erzeugt als jene des Blitzes und übertrug einen Strom, der genügt hätte, um mehr als zweihundert Glühlampen rund um den Globus zu erleuchten.

- The Tesla Wireless System
  (Das Tesla Kabellos-System)

Dieses System umfaßt eine Anzahl von Verbesserungen und ist das einzige bekannte Mittel für die ökonomische Übertragung von elektrischer Energie ohne Kabel. Sorgfältige Tests und Messungen in Verbindung mit einer Experimentierstation, die der Erfinder in Colorado errichtet hat, haben demonstriert, daß Energie in jeder gewünschten Menge übermittelt werden kann, quer über den Globus wenn nötig, und mit einem Verlust, der einige wenige Prozent nicht übersteigt.

„Das erste Welt-System-Kraftwerk", schreibt Tesla, „kann innerhalb von neun Monaten in Betrieb genommen werden. Mit diesem Kraftwerk wird es möglich sein, elektrische Aktivitäten bis zu zehn Millionen Pferdestärken zu erreichen, und es ist dazu geschaffen, so vielen technischen Errungenschaften zu dienen wie nur möglich und ohne ernstliche Kosten zu provozieren."

Seit den Arbeiten von Nikola Tesla sind Wissenschaftler in der ganzen Welt an der Erforschung der immer noch etwas mysteriösen „Schwerkraftfeldenergie" interessiert, deren Entdeckung Tesla zugeschrieben wird. Teslas suchende „Nachkommen" gehen davon aus, daß der Weltraum nicht eine gähnende Leere sei, ein absolutes Vakuum ohne Inhalt, sondern von einem ungeheuren Energiefeld erfüllt ist. Verschiedene NASA-Weltraumsonden bestätigen diese Hypothese bislang voll und ganz. Es handelt sich dabei um eine unvorstellbare Energiemenge, hervorgerufen durch die Tachyonen – kleinste Teilchen, die einzureihen sind im Wechselbereich zwischen Energie und Materie. Ein Tachyon soll nur gerade den 13 000sten Teil der Masse eines Elektrons besitzen. Es ist erwiesen, daß Nikola Tesla schon im Jahre 1930 ein Automobil mit dieser Energie betrieben hat und damit Geschwindigkeiten von 130 Stundenkilometern über lange Zeit halten konnte – ohne je „nachzutanken"!

(Teslas Erklärungen sind dem Buch „My Inventions" entnommen, The Autobiography of Nikola Tesla).

Die folgenden Bilder sollen einen Eindruck von den damaligen Experimenten und Entwicklungen zur drahtlosen Energieübertragung vermitteln. *Abb. 85* zeigt Tesla in jungen Jahren. *Abb. 86* zeigt ein klassisches Porträt Teslas aus dem Jahr 1894, wo er gerade seine drahtlosen Leuchtstofflampen vorführt.

Abb. 87 zeigt Tesla neben einem riesigen Tesla-Generator mit vielen Millionen Volt. Er demonstriert beim Lesen eines Buches die Ungefährlichkeit der hochfrequenten Blitzentladungen. Angeblich konnte man den Donner viele Kilometer entfernt noch hören.

Abb. 88 zeigt ein ähnliches Bild, in dem die große Schlagweite eines Versuchs-Generators gezeigt wird. *Abb. 89* schaut dagegen fast wieder harmlos aus.

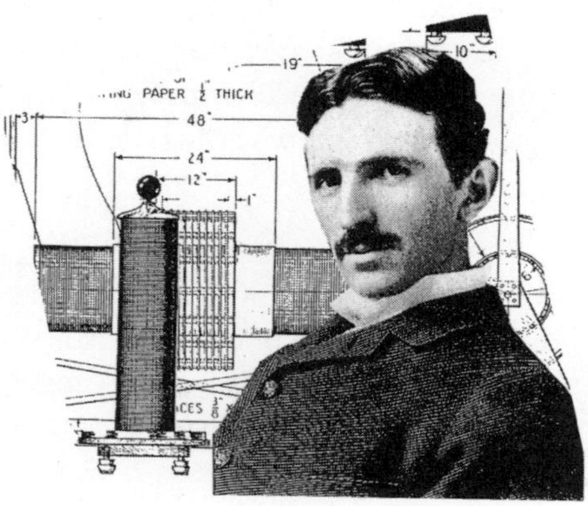

Abb. 85: Tesla in jungen Jahren

Abb. 86: Tesla bei der Vorführung seiner drahtlosen Leuchtstofflampe aus dem Jahre 1894

Abb. 87: Tesla sitzend unter einem riesigen Generator. Bücher lesend demonstriert er die Ungefährlichkeit hochfrequenter Blitzentladungen

In *Abb. 90* sitzt Tesla vor einer großen Primärspule, während im Hintergrund eine große Sekundärspule zur drahtlosen Energieübertragung zu sehen ist.

In *Abb. 91* ist der Wardenclyffe-Turm zu sehen, mit dem Tesla beabsichtigte, elektrische Energie über den Atlantik zu übertragen.

Abb. 92 zeigt Teslas Konzept der modernen Kriegsführung. Die turmähnlichen Energiezentralen sind Verteidigungszentren gegen einfliegende Flugkörper.

Historische Tesla-Generatoren und deren Komponenten

Am Prinzip der Tesla-Spannungserzeugung hat sich scheinbar seit 100 Jahren nichts geändert. *Abb. 93* zeigt einen antiken Tesla-Generator aus den zwanziger Jahren.

Abb. 88: Extrem große Schlagweiten mit Millionen Volt

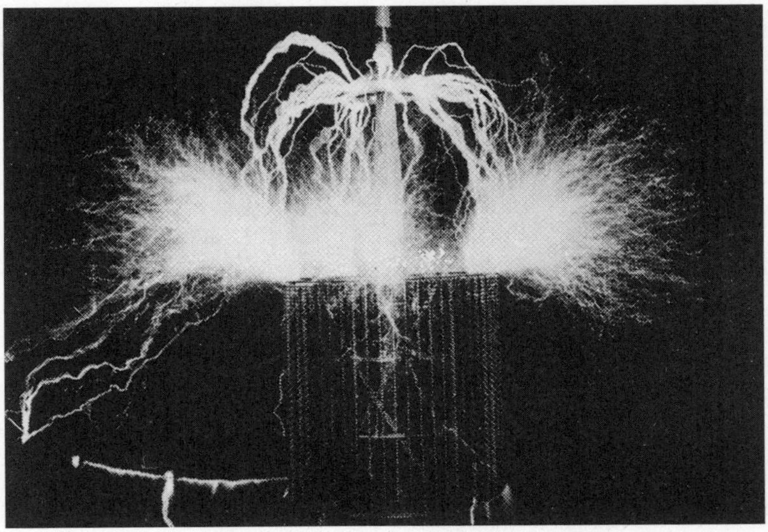

Abb. 89: Imposantes Tesla-Feuerwerk

Abb. 90: Tesla sitzt vor einer großen Primärspule. Im Hintergrund ist eine große Sekundärspiralspule zur drahtlosen Energieübertragung zu sehen

Abb. 91:
Der Wardenclyffe-Turm, mit dem Tesla beabsichtigte Energie über den Atlantik zu übertragen

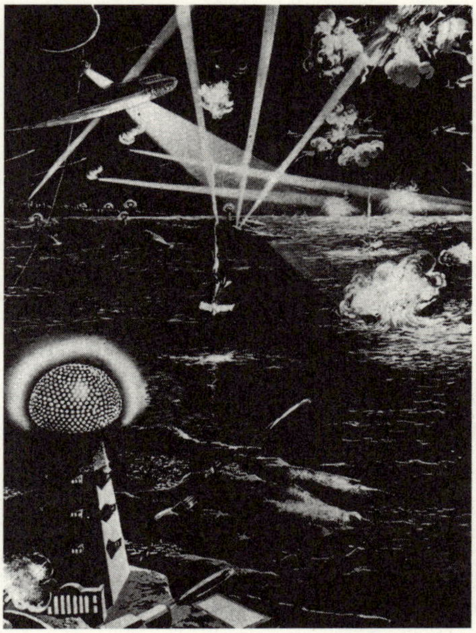

Abb. 92: Teslas Konzept der modernen Kriegführung. Die turmähnlichen Energiezentralen sind Verteidigungszentren gegen einfliegende Flugkörper

Abb. 93: Antiker Tesla-Generator aus den zwanziger Jahren

Wie aus *Abb. 94* zu ersehen ist, waren auch die seriell geschalteten Funkenstrecken schon lange bekannt.

In *Abb. 95* ist dargestellt, wie auf einfache Weise Hochspannungskondensatoren hergestellt wurden. Die mit Salzwasser gefüllten Flaschen standen selbst in einem Bottich mit Salzwasser.

Abb. 96 zeigt die antike Schaltung eines Tesla-Generators, bei dem die Funkenstrecke parallel zur Hochspannungswicklung liegt. Grundsätzlich ist es übrigens egal, ob die Funkenstrecke in Reihe oder parallel zur Primärspule liegt. Wichtig ist nur, daß beim Funkenüberschlag ein geschlossener Schwingkreis vorliegt.

Massive hölzerne Konstruktionen kennzeichnen entsprechend *Abb. 97* die Tesla-Generatoren der Gründerzeit. Damit die Sekundärspule nicht in die Primärspule zurückschlägt, hat man offenbar die Primärspule kegelförmig ausgebildet.

In *Abb. 98* wurde die Primärspule, aus welchen Gründen auch immer, wendelförmig ausgelegt.

Abb. 99 zeigt die Baumkuchen-Struktur der Primärspule von *Abb. 98*.

In *Abb. 100* ist eine weitere exotische Schaltung angegeben, deren praktischer Spulenaufbau in *Abb. 101* gezeigt wird. Warum die Sekundärspule kegelförmig gestaltet wurde, hängt wahrscheinlich mit esoterischen Gesichtspunkten zusammen. Der Gedanke an die drahtlose Energieübertragung hat nicht nur Tesla, sondern viele Nachahmer beschäftigt. Für Experimente mit Tesla-Spulen ist keineswegs eine horizontale Montage der Spule vorgeschrieben.

Abb. 102 zeigt eine „liegende“ Tesla-Spule.

Daß das Prinzip der rotierenden Funkenstrecke schon längst bekannt ist, zeigen auch die in *Abb. 103* und *104* wiedergegebenen antiken Tesla-Generator-Schaltungen aus den Zwanziger Jahren. *Abb. 104* kann dabei wohl als „Gegentaktschaltung“ betrachtet werden.

In *Abb. 105* und *106* zeigen die damals im Einsatz gewesenen rotierenden Funkenstrecken.

Eine interessante Methode bei relativ kleinem Raumbedarf 5 Millionen Volt zu erzeugen, ist in *Abb. 107* angegeben.

Die in *Abb. 108* gezeigten Spulen dieses Tesla-Generators sind in einem Ölbehälter aus Kunststoff untergebracht. Mit 5 Millionen Volt lassen sich durch die hohe Feldstärke Versuche durchführen, die Amateuren normalerweise nicht möglich sind. So können viele elektronische Geräte auf relativ

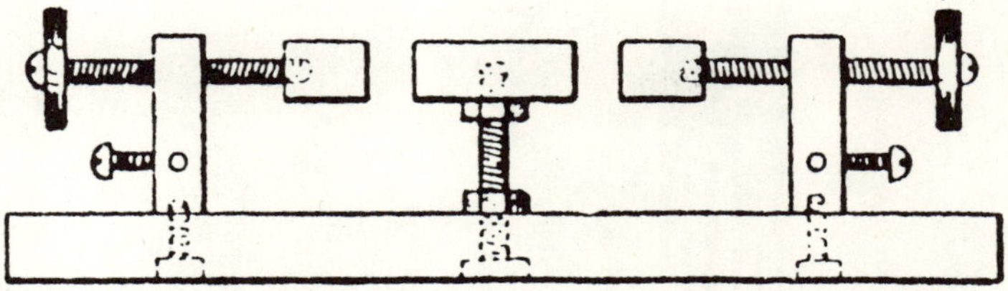

Abb. 94: Antike, seriell geschaltete Funkenstrecke

Abb. 95: Leydener Flaschen im Salzwasserbottich

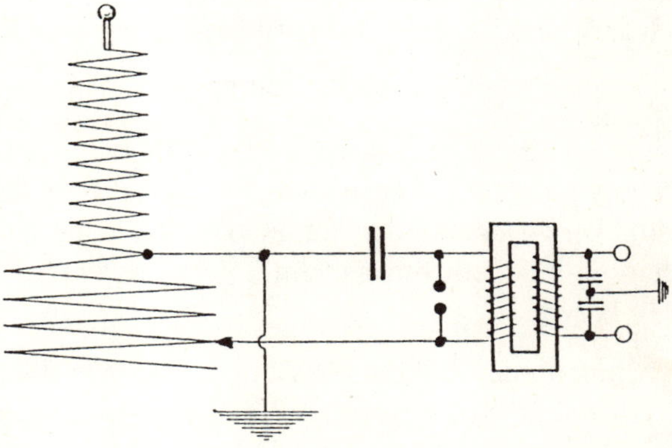

Abb. 96: Antike Schaltung eines Tesla-Generators

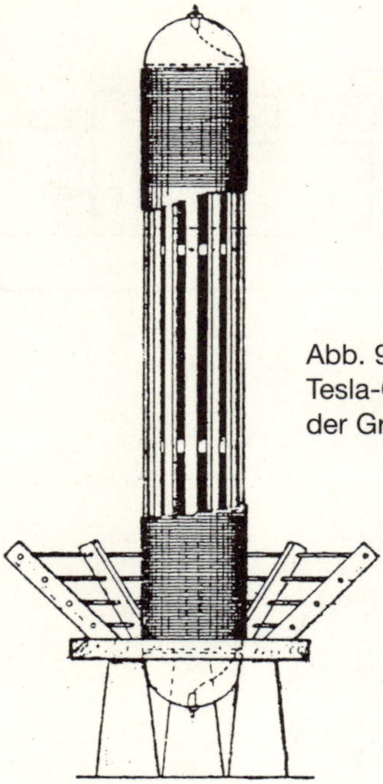

Abb. 97:
Tesla-Generator
der Gründerzeit

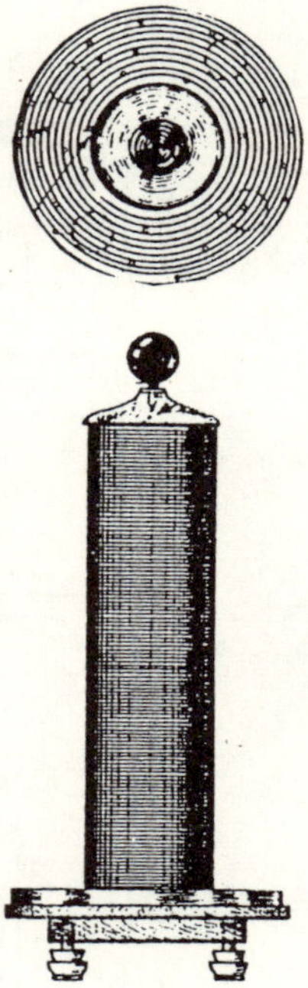

Abb. 98:
Wendelförmige
Primärspule

große Entfernung ausgeschaltet bzw. zerstört werden. So existiert z. B. das Gerücht, daß gegen Ende des Zweiten Weltkriegs in Deutschland riesige Generatoren in unterirdischen Rüstungsfabriken installiert wurden, welche die Zündanlagen alliierter Bomber in großer Höhe außer Betrieb setzen konnten. Zumindest für Kraftfahrzeuge auf dem Erdboden soll das System bereits einwandfrei funktioniert haben. So konnten die Wissenschaftler angeblich nach Lust und Laune Autos vorübergehend außer Betrieb setzen.

Todesstrahlen

In den zwanziger und dreißiger Jahren arbeitete Tesla an einem neuartigen Generator, der angeblich für die Erzeugung aller möglichen Ausstrahlungen größter Intensität verwendet werden konnte. Daß Tesla hierbei jedoch keine Strahlen im herkömmlichen Sinne meinte, geht aus einem Interview aus dem Jahre 1934 hervor:

„Was mich sehr interessiert hat, ist ein Bericht im „World Telegram" vom 13. Juli 1934, der dahingehend lautet, daß die Wissenschaftler an den Auswirkungen der Todesstrahlen zweifeln. Ich stimme mit diesen Zweifeln vollkommen überein und bin wahrscheinlich in dieser Hinsicht aus langer Erfahrung pessimistischer als irgendein anderer.
Strahlen der hierzu erforderlichen Energie können nicht erzeugt werden und

außerdem verringert sich ihre Intensität mit dem Quadrat der Entfernung. Nicht so aber die wirkende Kraft, die ich verwende und mit deren Hilfe wir an einen entfernten Punkt mehr Energie werden senden können, als es mit jeder anderen Art von Strahlen möglich ist.

Wir sind alle nicht unfehlbar, aber so wie ich die Sache jetzt aufgrund meiner theoretischen und experimentellen Kenntnisse sehe, bin ich zutiefst überzeugt, daß ich der Welt etwas schenken werde, was die phantastischsten Träume der Erfinder aller Zeiten übersteigt."

Sein Generator sollte einen Teilchenstrahl mit einem Durchmesser von ungefähr einem zehntausendstel Millimeter und einer Leistung von vielen tausend PS aussenden. Es wäre dadurch möglich alles zu zerstören, Menschen oder Maschinen, was sich auf eine Entfernung von 300 km nähert. Es wird, sozusagen, ein Energiewall errichtet, der ein unüberwindliches Hindernis für jede Aggression darstellt.

In *Abb. 109* sind unvollständige Entwürfe für die Anlage zur Erzeugung von „Todesstrahlen" zu sehen.

Teslas Pläne sahen die Errichtung einer großen Station vor, die ungefähr zwei Millionen Dollar kosten würde und nach ihrer Fertigstellung von niemandem mehr zerstört werden könnte. Auf diese Weise, so hoffte er, könne der Krieg ein für allemal ausgerottet werden, da ein konventioneller Angriff von vornherein zum Scheitern verurteilt wäre. Ein Wissenschaftler bemerkt hierzu: „Aber wenn er auch diese Erfindung als Verteidigungswaffe anbot, würde doch niemand verhindern können, daß sie schließlich als Angriffswaffe benutzt würde. Tesla gab deshalb wohl nie den leisesten Hinweis, worauf seine neue Erfindung beruht.

Tesla verfaßte jedoch eine kleine Abhandlung, in der er das Prinzip der Anlage beschrieb: „Sie besteht aus drei Hauptteilen: Einem neuen elektrostatischen Hochspannungsgenerator, einem Hochspannungsterminal und einer offenen (!) Vakuumröhre, die von genialer Einfachheit ist." Über die Entwicklung dieser Röhre sagte er folgendes: „1896 brachte ich eine elektrodenlose Hochspannungsröhre heraus, die ich erfolgreich mit Spannungen bis zu vier Millionen Volt betrieb... . Zu einem späteren Zeitpunkt gelang es mir, viel höhere Spannungen bis zu 18 Millionen Volt zu erzeugen, und dann stieß ich auf unüberwindliche Schwierigkeiten, die mich davon überzeugten, daß es nötig war, eine völlig andere Art von Röhre zu erfinden. ... Ich erkannte, daß die Aufgabe weitaus schwieriger war, als ich erwartet hatte, nicht so sehr in der Konstruktion als im Betrieb der Röhre. Lange Jahre war ich verwirrt... obwohl ich stetigen und langsamen Fortschritt

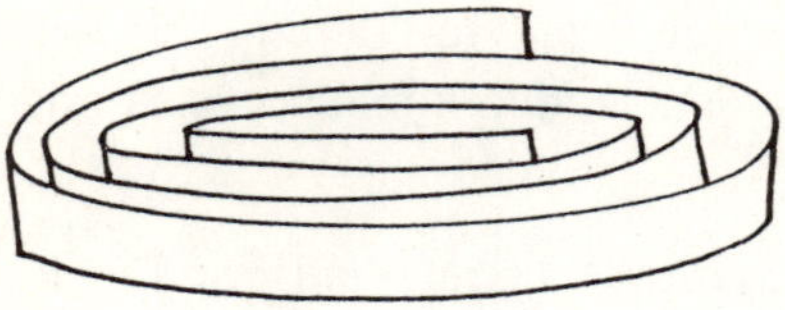

Abb. 99: Baumkuchenstruktur der Primärspule

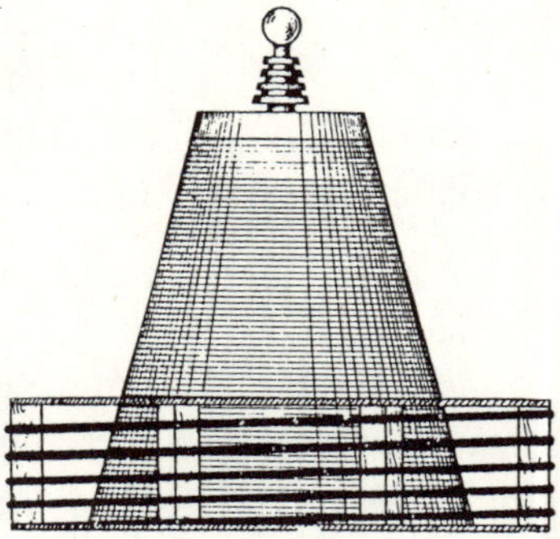

Abb. 101: Praktische Spulenaufbau der Kegelförmigen Sekundärspule

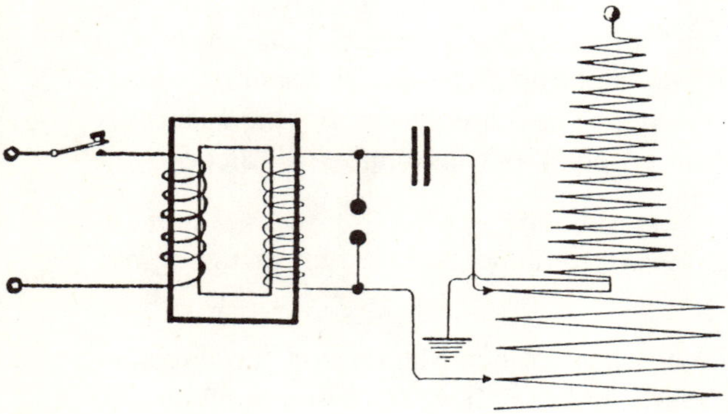

Abb. 100: Kegelförmige Sekundärspule (Anlehnung an Pyramidenbaurm?

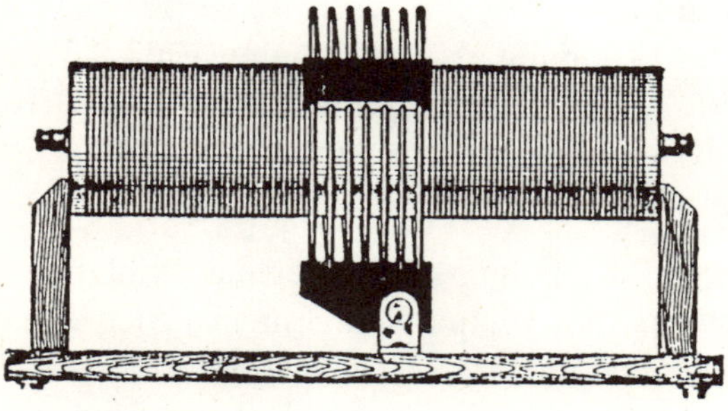

Abb. 102: Liegende Teslaspule

Abb. 103: Antiker Tesla-Generator mit rotierender Funkenstrecke (Version 1)

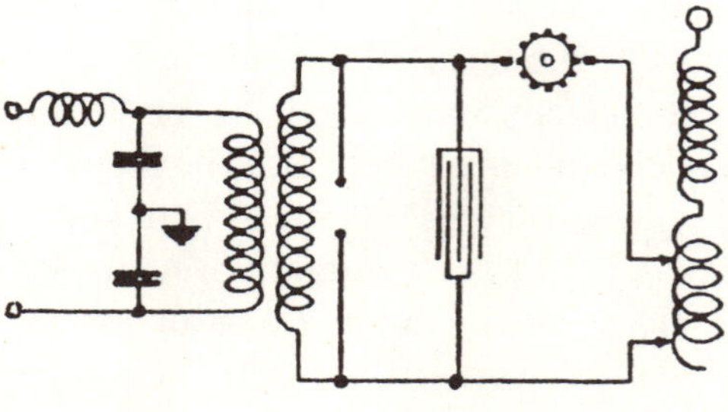

machte. Schließlich völliger Erfolg. Ich stellte eine Röhre her, die schwer zu verbessern sein wird. Sie ist von idealer Einfachheit, ohne Verschleißteile, und kann bei jeder noch so hohen Spannung betrieben werden."

Erst heute, im Zuge der Entwicklung von Weltraumwaffen, wird der Wert von Teslas Konzeption erkannt. Der NASA-Physiker Thomas Bearden, Experte auf dem Gebiet der Weltraum-Waffen, hält folgende Waffentechnologie für möglich:

- „Ein auf bestimmte Weise modulierter Laserstrahl kann zusätzliche Energie aus dem Tachyonenfeld aufnehmen und ist auf diese Weise auf Entfernungen ungeheuer wirkungsvoll.
- Die Entwicklung solcher Strahlen, die von Satelliten aus Objekte mit chirurgischer Genauigkeit zerstören können, ohne die Umgebung zu verletzen.
- Die Bildung von gewaltigen „Domen" von ungefähr 70 km Radius, die aus „aktivierten Energiewällen" gebildet sind. Alle Objekte, die in diesen Dom fliegen, Raketen und Flugzeuge, würden explodieren.
- Das Feuern von modulierter Energie in die Erde. Mit dieser Technik können zerstörerische Erdbeben oder gewaltige Explosionen am Gegenpol der Erde ausgelöst werden.
- Mit der Tesla-Technologie könnten militärische Land-, See- und Luftfahrzeuge einfach, ökonomisch und ohne Benzin über unbegrenzte Entfernungen mit Energie versorgt werden.

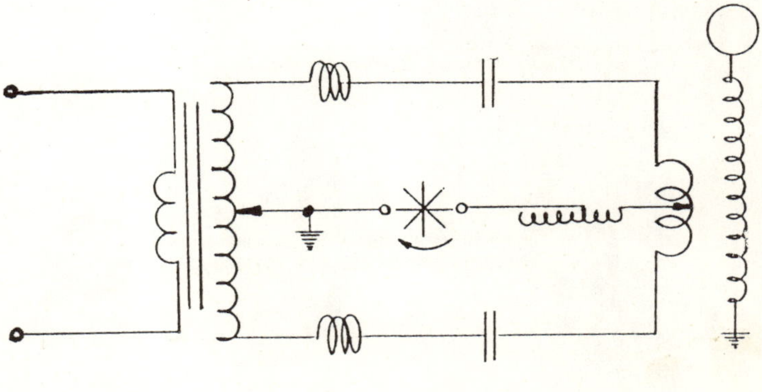

Abb. 104: Antiker Tesla-Generator mit rotierender Funkenstrecke (Version 2)

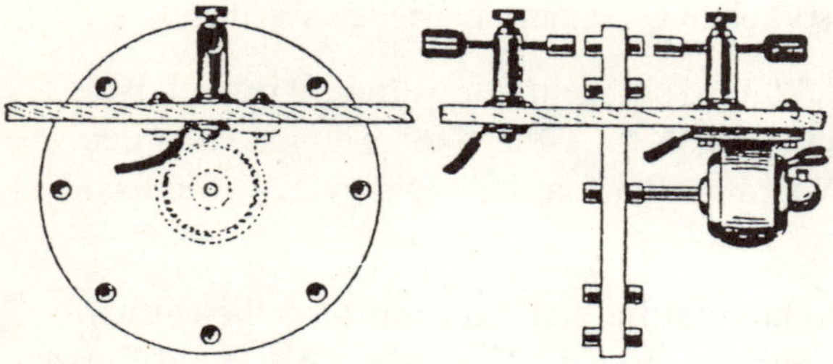

Abb. 105: Rotierende Funkenstrecke (Version 1)

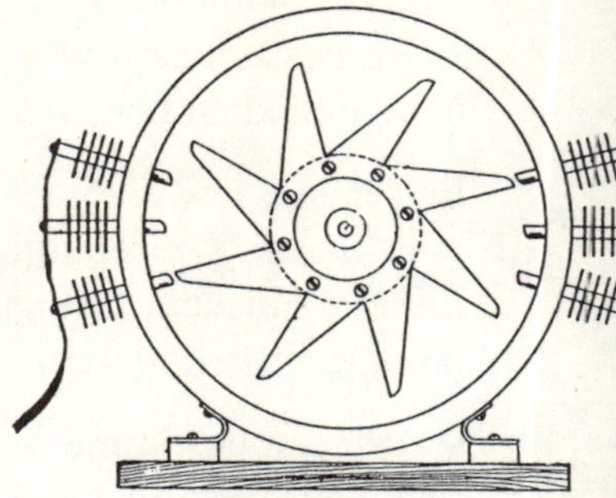

Abb. 106: Rotierende Funkenstrecke (Version 2)

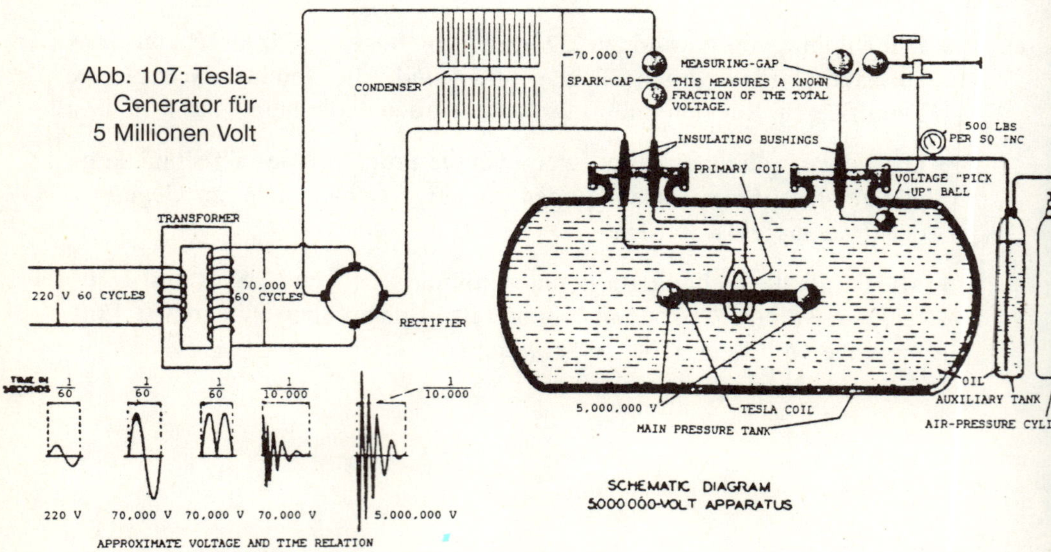

Abb. 107: Tesla-Generator für 5 Millionen Volt

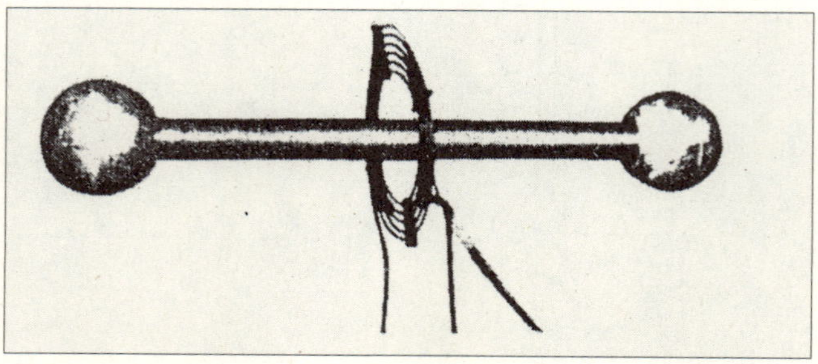

Abb. 108: Primär- Sekundärspule de Tesla-Generators f 5 Millionen Volt

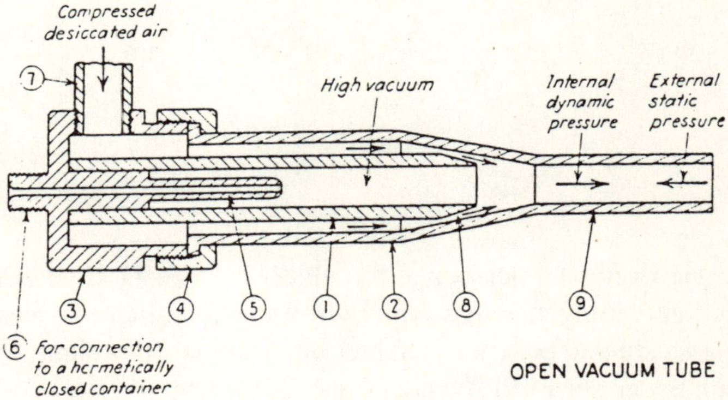

Abb. 109: Teslas unvollständige Entwürfe für eine Anlage zur Erzeugung von Todesstrahlen

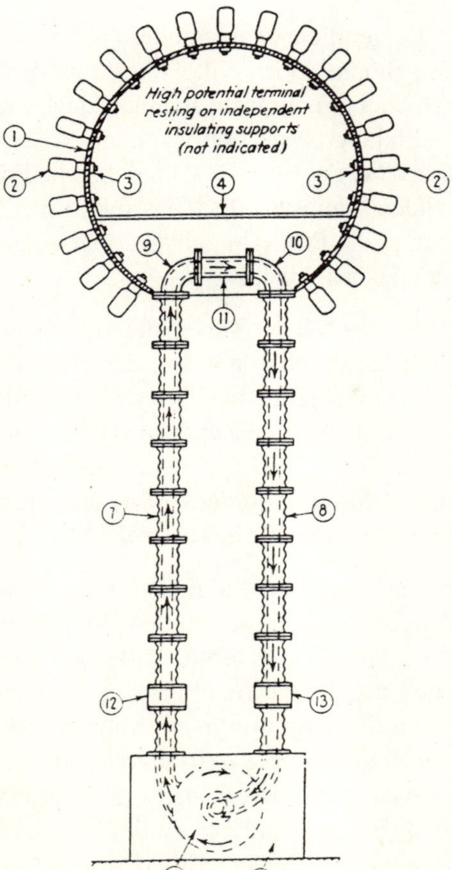

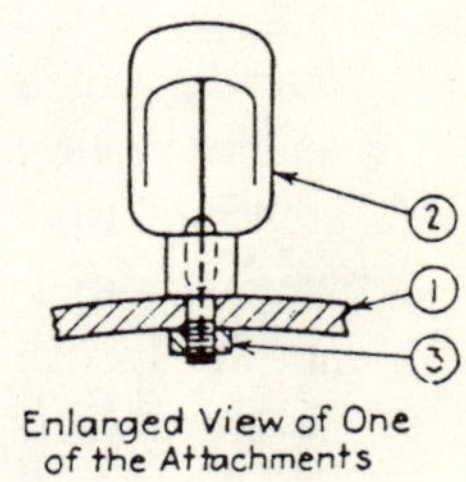

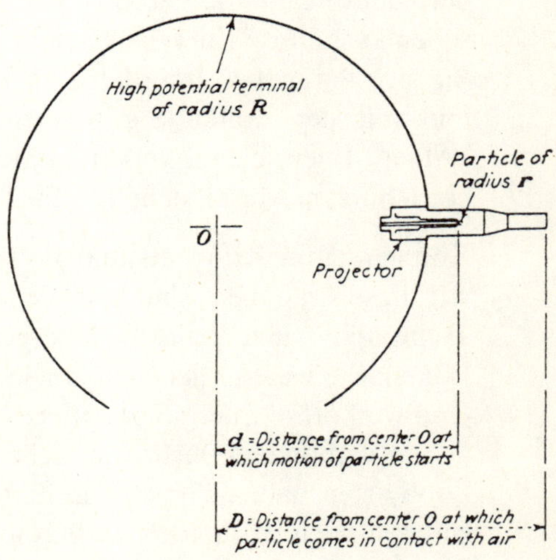

6 Zur Person Tesla

Ein Name, der wie Honig auf der Zunge zergeht: Nikola Tesla. Eine Gestalt, die Oscar Wilde entsprungen sein könnte: Groß, zerbrechlich und von der wächsernen Blässe stubenhockender Dichter und Denker. Azurblaue Augen und die besten Kleider der Fifth Avenue. Plus ein Gehirn, das im Vergleich zu anderen dasteht wie die Kuppel des St. Peter-Domes neben zwei Milliarden Salzstreuern.

Nikola Tesla überragt seine Zeit, und eigentlich ist er mindestens hundert, manche sagen, tausend Jahre zu früh geboren. Doch Nikola Tesla hat keine andere Wahl. Entweder er kommt jetzt, oder er kommt zu spät. Denn die Erde steht nicht nur am Anfang des 20. Jahrhunderts, sie steht auch am Scheideweg. Himmel oder Hölle heißt es auf den Wegweisern. Tesla möchte die Erde auf die Treppe zu paradiesischen Gefilden schubsen. Doch das soll ihm nicht gelingen. Denn unten zerrt der Mammon, die Profitgier, hängen habsüchtige Geldbarone. Sie wollen die Welt in den Hades schicken.

Adam und Eva liegt weit zurück. Der Sündenfall der Menschheit kaum hundert Jahre. Denn da gab es tatsächlich diesen Nikola Tesla, der den Menschen kostenlose Energie aus dem Äther zugänglich machen wollte. Stellen Sie sich vor, neben Ihrer Fernsehantenne steckt eine Zweite auf dem Dach, und mit der zapfen Sie beliebig viel reine, im Überfluß vorhandene „Äther“-Energie ab. Für den Toaster, die Waschmaschine, für den gesamten betrieblichen Maschinenpark, für Ihr Auto und die Tiefkühltruhe.

Könnten dafür Kilowattstunden verrechnet werden, möglichst teure, hätten wir diese Antennen. Und kein Waldsterben, keinen vergifteten Boden, kein Tschernobyl und keine Müllberge. Teslas Äther-Energie hatte nur einen Haken: Sie wäre gratis. Genau wie die Luft, die wir (noch) atmen (können). Und weil diese Energie gratis war, noch dazu mit minimen Einmal-Investitionen verbunden, durfte sie nicht stattfinden. Die Elektrizitäts- und Geld-Lobbyisten hatten vor, mit Leitungsnetzen, Kraftwerksbau und Kilowattstunden noch Milliarden zu verdienen. Bis zum bitteren Ende. Der Strom fließt bekanntlich auch ohne Wald, und der Zähler addiert noch, wenn draußen bereits der Geigerzähler tickt.

Jeder kennt Edison, keiner kennt Tesla

Nikola Tesla ist kein Phantom. Zu seiner Zeit (1856 bis 1943) oder zumindest während seiner ersten 50 Lebensjahre häufte er mehr Ruhm an als Eiffelturm und Freiheitsstatue zusammen. Sein Weg führte ihn von einem kleinen jugoslawischen Dorf namens Similjan, wo er genau an der Schwelle zum 10. Juli 1856 geboren wurde, über Graz (Mathematik-, Physik- und Mechanik-Studien) nach Budapest und später Paris. Von dort nach New York, mit nur vier Cents in der Tasche, einem Gedichtband und einem Empfehlungsschreiben von Thomas Alva Edison. Darin hatte der Präsident der europäischen „Edison Electric Company“ geschrieben, „Ich kenne auf der Welt nur zwei wirklich bedeutende Männer. Der eine sind Sie (Edison), der andere ist Nikola Tesla.“ Da ist Nikola Tesla gerade 28 Jahre alt.

Daß heute jedes Schulkind den Glühbirnen-Edison kennt, doch selbst Menschen mit IQ über 135, abgeschlossenem Universitäts-Studium und viertausendbändiger Bibliothek den Namen Tesla noch nie gehört haben, ist gerade so, wie wenn unsere Enkel sich dereinst wärmstens an den Namen Weinberger erinnern würden, bei Gorbatschow jedoch an einen Balletttänzer dächten. Unkraut verdirbt nicht, und hat noch dazu die Eigenschaft, die edlen, feinen Kräutlein gnadenlos zu überwuchern.

Fast keiner kennt Nikola Tesla. Dabei nehmen sich neben seinem Werk die Erfindungen von Edison aus wie ein kleine, schwache Glühbirne neben einem taghell illuminierten Nachthimmel. Die Glühbirne ist tatsächlich Edisons Werk, und der taghelle Nachthimmel das von Tesla. Während noch Pferdekutschen über die holprigen Pflastersteine klapperten, bot Tesla der amerikanischen Armee die ausgereiften Pläne für eine einsitzige Senkrechtstarter-Flugmaschine an, die pro Stück kaum über 1000 Dollar kosten sollte. Nur 11 Jahre nachdem Gottlieb Daimler den Prototyp des Automobils gebastelt hatte, führte Nikola Tesla einen ferngesteuerten Roboter-Mann vor, und das Publikum reagierte nicht viel besser als heute belächelte Buschbewohner, Spuk und Zauberei.

Nikola Tesla wurde ohnehin als Wundermann angesehen. Bis heute sind Gerüchte nie ganz verstummt, er stamme von der Venus, sei gar nicht im jugoslawischen Bettchen, sondern in einem Raumschiff geboren und mitternachts heimlich auf Erden abgesetzt worden.

Einen orkanartigen Sturm im amerikanischen Blätterwald verursachte auch die Meldung, Tesla habe eine Maschine erfunden, mit der er Signale vom Mars empfangen könne.

Doch auch auf Erden gebärdete sich der feine Herr mit dem kleinen Bärtchen auf der Oberlippe – nun, manchen würden sagen versnobt, andere auch absonderlich. Er schätzte es gar nicht, wenn ihm jemand näher als eineinhalb Meter kam. Auch nicht bei Frauen. Zeitlebens, und das waren 86 1/2 Jahre, soll nie eine Frau die Einmeterfünfzig durchbrochen haben. Er liebte die Tauben, fütterte sie beinahe täglich, und sie liebten ihn.

Frauen, sagte er einmal, als eine New Yorker Zeitung ihn publizistisch verkuppeln wollte, Frauen seien gut für Musiker, Schriftsteller und Maler. Da führe ihre Liebe den Mann zu größerer Meisterschaft. Doch sei noch nie eine wirklich große Erfindung von einem Gatten und Familienvater gemacht worden; schade eigentlich, fügte er an, „denn manchmal fühlen wir uns schon sehr einsam."

Auf der Erde, um sie aus den Angeln zu heben

Nikola Tesla litt nicht unter mangelndem Sendungsbewußtsein. Ähnlich einer Brieftaube, die unbeirrt ihr Ziel anfliegt, steuerte er schon als kleiner Bub auf sein Lebensziel „Erfinder" zu. Trotzdem Vater ihn als Pfarrer sehen wollte. Die Tatsache, daß er in der Jugendzeit zahllose gräßliche, aussichtslose, mehr als lebensgefährliche Unfälle und Krankheiten aller Art wider alle Logik und Gesetze überlebte, deutete er später so, daß nur seine Berufung ihn jedesmal wie durch ein Wunder am Leben gelassen habe. Und seine Berufung war es, „die Naturgewalten den Menschen dienstbar zu machen."

Nicht untertan, wohlgemerkt. Bloß dienstbar. Ein Leibeigener, ein Sklave, ist nicht dasselbe wie das dienstbare Servierfräulein im Restaurant.

Nikola Tesla hat tatsächlich „neue" Naturkräfte entdeckt. Weshalb er auch 1912 den Nobelpreis ablehnte. Er hätte ihn mit Thomas Alva Edison teilen sollen, was unter seiner Würde war. Denn Edison war „bloß" Erfinder. Er hingegen wollte die Erde auf den Kopf stellen. Das Jammertal zu einem Paradiesgarten machen.

Auf dem Papier ist es ihm gelungen. Auch lange Experimentierreihen deuteten auf die vollkommene Richtigkeit seiner Vermutungen hin. Doch gerade, als Nikola Tesla der Menschheit die Energie aus dem Äther dienstbar machen wollte, öffnete ein Geldbaron namens John Pierpont Morgan den Vogelkäfig, und der Paradiesvogel entschwand.

Heute wird wieder eifrig, doch halbblind an dem geforscht, was Tesla vor einem Menschenalter entwickelt hatte. Und auch jetzt wieder sieht es so aus, als sollte die Erde lieber definitiv zur Hölle geschickt werden, als sich in den Gratis-Energie-Himmel zu wagen.

Nikola Tesla ist, nebenbei gesagt, der „Vater“ unserer „modernen Zivilisation“. „Würden wir Teslas Werk packen und ausstreichen aus unserer industriellen Welt, würden die Räder der Industrie aufhören, sich zu drehen, unsere elektrischen Wagen und Züge würden halten, und unsere Städte würden dunkel,“ bemerkte B.A. Behrend, einer der bedeutendsten Elektroingenieure jener Tage, als Tesla 1917 wiederwillig die Edison-Medaille entgegennahm.

„Faust“ und die rettende Vision

Bis zu einem heißen Augusttag des Jahres 1888 hatte Thomas Alva Edison mit gehörigem Selbstbewußtsein und einigem Geldbewußtsein mit seinem Gleichstrom gute Geschäfte gemacht. Doch am 6. August jenes Jahres trat Tesla vor die hochgespannten Mitglieder des „American Institute of Electrical Engineers“, plazierte einen handkoffergroßen Generator vor sich und zeigte den Herren, was Wechselstrom war. Eine Erfindung, die ihn wie ein Blitzschlag getroffen hatte, 1882 in einem Budapester Park. Die Sonne senkte sich rotglühend dem Horizonte zu. Und als er, ganz ergriffen von ihrer Erhabenheit, einen Vers aus Goethes „Faust“ zitiert, schießt ihm eine Vision vor die Augen, und er stammelt – „Drehen muß es sich, das Magnetfeld, drehen wie die Gestirne sich um die Sonne drehen...“

Er hat soeben die Inspiration zu einer Erfindung bekommen, die laut seinem früheren Grazer Professor Pöschl „unmöglich“ ist und etwa soviel bedeuten würde, wie die Schwerkraft in eine Drehbewegung umzuwandeln. Doch Teslas Drehstrom-Motor, den er im Park in den Sand ritzt, ist nicht wider, sondern in vollkommenem Einklang mit den Naturgesetzen. Mit seinem Wechselstromsystem läßt sich die Elektrizität auf einmal über Hunderte von Kilometern transportieren. Lassen sich Millionen-Metropolen wie New York problemlos mit Strom versorgen. Läßt sich die ganze Welt in ein helleres Zeitalter führen, so hofft er damals noch. Doch daß Licht auf Erden selten auch Erleuchtung bedeutet, erfährt er an jener Vorführung vor der Amerikanischen Elektroingenieurskammer. Denn obwohl die Lichtstärke seines Generators den Versammelten fast schmerzhaft in die Augen springt, wollen sie nicht sehen, daß diesem System die Zukunft gehört. Dabei hat Edisons Gleichstrom nur die lächerliche Reichweite von einer Meile. Wollte man damit Amerika und die Welt illuminieren, müßte auf jeder Quadratmeile – ähnlich einem Wasserhydranten – auch ein Kraftwerk stehen.

Tesla hat zwar die Erfindung, doch Edison die anerkannte Forscher-Autorität. Teslas System sei praktisch nicht anwendbar, läßt er verkünden, und die Reporter schreiben’s tapfer mit.

Einzig George Westinghouse, selbst Erfinder und Eigner einer Elektrizitätsgesellschaft, reicht Tesla die Hand, die dieser natürlich nur imaginär ergreift. Denn ein Leben lang hat Nikola Tesla es auch immer vermieden, den Leuten die Hand zu schütteln. Spinnerei, sagten die einen, hochgradige Hellsichtigkeit die anderen. Tesla, der bis an sein Lebensende seine „Erfindungen" immer als bildhafte Inspiration empfing, und sie auch in visionärem Zustand vervollkommnen konnte, um sie erst dann auf physischer Ebene funktionstüchtig nachbauen zu lassen, habe zudem die Aura der Menschen sehen können. Und genauso, wie wir uns nicht freiwillig in einer Schlammlache wälzen, habe er drum eben niemandem mehr zu nahe kommen wollen.

Über Teslas „besondere Schwingungen" kursierten wilde Gerüchte und blieben letztlich nur Rätsel. Wie schaffte es der Mann, Hunderttausende von Volt, die danach Drähte zum Durchbrennen brachten, durch seinen Körper rollen zu lassen, ohne den geringsten Schaden zu nehmen? Tesla führte solche Kunststückchen gern der besseren New Yorker Gesellschaft vor, abends, nach einem lukullischen Happening in einem schicken Eßtempel (bei dem wieder mindestens ein Dutzend Servietten verbrauchte). Enrico Caruso, Mark Twain & Co. sollen dabei mehr als einmal die Haare zu Berge gestanden sein. Im Gegensatz zum stets perfekt gescheitelten Nikola Tesla.

Der war im Alter von 32 Jahren zum Dollar-Millionär geworden. George Westinghouse hatte ihm die Wechselstrom-Patente abgekauft, zu unkaufmännisch fairen Bedingungen: Eine Million für die Patentrechte plus einen Dollar für jede mit Teslas System produzierte Pferdestärke. Tesla drohte damit – sollte sein System wirklich die Welt erleuchten – zum reichsten Mann auf Erden zu werden. Westinghouse war das nur recht so. „Nur ein reicher Mann ist ein freier Mann", versuchte er Tesla zu überzeugen, „und als Erfinder müssen Sie frei sein".

Doch Tesla war es, die Welt stöhnt heute darunter, zuwider, sich von den reingeistigen Sphären seiner Inspiration in die unbarmherzigen, gierigen Sümpfe des Mammons reißen zu lassen. Bar jeden Sinnes für den Geldwert lebte er so oder so wie ein wohlhabender Mann, und sah auch keine Notwendigkeit darin, seine zahllosen Erfindungen zu Geld zu machen. Jedesmal, wenn sein höchst ergebener Sekretär, George Scherff, als personifizierte Geldsorge bei ihm anklopfte, meinte er nur, Mr. Scherff, das ist Kleinkram, damit kann ich mich nicht aufhalten. Warten Sie ab, bis ich die Erfindungen fertig habe, die ich dabei bin zu ersinnen. Und dann werden wir Millionen machen."

Er hat, nach der ersten Million von Westinghouse, nie mehr wieder eine Million gemacht, sondern mußte Bruchteile davon als Forschungsalmosen steinreicher, aber dennoch weitsichtiger Wirtschaftskapitäne beanspruchen.

Wie das? Nun, Thomas Alva Edison verstand es, zu verhindern, daß sein Erzrivale Tesla, der ihn vom Strom-Thron zu holen drohte, je in den Besitz der ihm zustehenden Zinsen gelangte.

Edison und Tesla waren sich von Anfang an nicht grün gewesen. Knapp ein Jahr lang hatte letzterer für ersteren gleich nach seiner Ankunft in Amerika gearbeitet. Damals schon war er von Edison um 50 000 Dollar betrogen worden. Edison, der harte Knochenarbeiter, der seine Erfindungen (zum Beispiel den Phonographen), wie er selbst jammerte, mit „einem Prozent Inspiration und 99 Prozent Transpiration" sich sozusagen er-schweißt hatte, mochte den offensichtlich genialen jungen Europäer, dem die Inspirationen wie Vogelschwärme zuzufliegen schienen, nicht leiden. Er schwitzte ihm nicht genug. Und er strahlte die leise, doch feste innere Gewißheit dessen aus, was Edison alle Welt wie ein radschlagender Pfau von sich selbst glauben zu machen versuchte: Der Welt größter Erfinder zu sein.

Wie gleichpolige Magnete stießen die beiden sich rasch wieder ab. Tesla in der Gelassenheit des Siegers, Edison wutschnaubend als der Unterlegene.

Der Kampf in den Sümpfen

Als nun Tesla, beziehungsweise Westinghouse ihm sein Gleichstromgeschäft lahmzulegen drohte, ging er zähnefletschend zum Angriff über. Der zielte wie meistens, wenn die Argumente fehlen, unter die Gürtellinie plus dorthin, wo der Brechreiz sitzt. Teslas Strom mußte denunziert werden, und dazu war ihm kein Mittel zu widerlich.

Zum Beispiel, daß kleine Schulkinder die Haustiere der Umgebung einsammelten, und die Hunde und Katzen dann in öffentlichen Samstagmorgenvorstellungen per Tesla-Stromstoß in die ewigen Jagdgründe befördert wurden. Natürlich griff er auch zu gängigen Mitteln wie jenem der Gesetzesbeeinflussung, als er versuchte, die Legislative des Bundesstaates New York dahin zu bringen, ein Gesetz zu verabschieden, das die maximal produzierte Spannung auf 800 Volt beschränkt hätte. So hätte er durch die Hintertür Teslas viel höhere Spannung ausknipsen können, und es mißlang nur, weil Westinghouse mit Klage drohte.

Also mußten neuerlich Ideen aus dem Gruselkabniett her. Wiederum tödliche, diesmal für den Menschen. Thomas Alva Edison darf – kein Lexikon erwähnt dies – als „Erfinder" des elektrischen Stuhls betrachtet werden. Über Mittelsmänner kaufte er die Lizenzen einiger Tesla-Patente, ließ wieder einen Mittelsmann für sich nach „Sing Sing“ marschieren – und kurze Zeit darauf annoncierten die New Yorker Zuchthaus-Behörden, getötet werde bei ihnen künftig nicht mehr durch den Strang, sondern durch den Strom. Teslas Wechselstrom notabene. William Kemmler war am 6. August 1890 – exakt zwei Jahre nach Teslas Vorführung seines Wechselstromgenerators – das erste menschliche Versuchskaninchen auf dem elektrischen Stuhl. Er starb in Schüben, langsam, qual- und grauenvoll. Die an Tieren erprobten Voltzahlen hatten sich beim Menschen als zu niedrig erwiesen. Dennoch ist der elektrische Stuhl – heute dank vielen Versuchen schnell und schmerzlos (?) – noch immer das hygienische Hinrichtungsmittel der Strom-Zivilisation.

Edison betätigt sich in der Folge überfleißig als Totengräber – nicht der Opfer des elektrischen Stuhls, sondern von Teslas Wechselstrom, den er fortan nur noch „Hinrichtungs-Strom“ nennt; wie er auch den Vorgang des Exekutierens umbenennt in „westinghousen“.

Die Stromschlacht soll sich künftig auf eine weitere Ebene verlagern. War es bis anhin eine reine PR-Angelegenheit im Vor-PR-Zeitalter, drohen die Streithähne nun langsam auszubluten. Beide, Westinghouse und Edison, stecken schon knietief in Finanzproblemen, und täglich steigen sie ihnen näher zum Halse.

Der lachende Dritte heißt John Pierpont Morgan, Stahlmagnat, Großbankier (Morgan Bank). Kohlekönig, Ölscheich, Eisenbahnfürst. Und nun dabei, den amerikanischen Elektrizitätsmarkt an sich zu reißen. In Partisanenmanier kapert er die Thomson-Houston-Company, eine der beiden großen Exponenten auf dem amerikanischen Strommarkt. Kurz darauf schnappt er auch Edisons „Electric Company“. Fusioniert heißt der Gigant ab dem 17. Februar 1892 nun „General Electric Company“ und sagt heute noch, was sein und nicht sein darf im amerikanischen Elektrizitäts-Business.

Schönheitsfehler der Firma: Sie ist nur auf Gleichstrom eingestellt. Wechselstrom immer noch das Exklusivrecht von Westinghouse. Morgan sieht und weiß ganz genau, daß Gleichstrom gegen Teslas System weder technisch noch ökonomisch eine Chance hat. Gerade deshalb läßt er auf Teufel komm raus über Dumpingpreise wo immer möglich Gleichstrom-Investitionen verwirklichen. So macht er erstens Westinghouse das Geschäftsleben schwer – auf daß er ihn schneller kapern kann – und zweitens, so die heute noch gültige Rechnung: sind Investitionen erst einmal getätigt, ist erstens der finanzielle und zweitens der Sachzwang geschaffen, um auf dem gleichen System weiterzufahren. Hat Morgan erst einmal das Monopol, kann er die Preise dann auch beliebig nach seiner Pfeife tanzen lassen.

Westinghouse wenigstens tut es nicht. Einem Bestechungsgeschäft der Staatsbehörden, zu dem ihn Morgans Leute bringen wollen, weicht er geschickt aus. Bleibt also nur noch die letzte Waffe, Westinghouse auf den Geldmärkten zu diskreditieren. „Westinghouse betreibt Mißmanagement mit seiner Firma“, „er ist vollkommen unfähig und vom Konkurs bedroht“, „das einzige, was ihn noch retten kann, ist eine Übernahme durch General Electric“... Wie schleimige Schlangen winden sich die Gerüchte aus den Stock-Market-Kellern von Wall Street und Umgebung. Und die Westinghouse-Börsentitel fallen ins Bodenlose. Die Schlangen kriechen an Westinghouse hoch und drohen ihn zu ersticken.

Doch er rettet Haut und Firma. Er schloß sich mit mehreren kleinen, noch freien Elektrizitätsunternehmen zusammen. Die Banken signalisierten auf einmal Sanierungshilfe, natürlich nicht ohne Bedingungen. Die schwerwiegendste ist, daß Westinghouse aus der Zins-Vereinbarung mit Tesla aussteigen muß. Diese Last würde jedes Schiff zum Kentern bringen, rechnen sie vor.

Die weltbewegendsten Handlungen passieren meist zwischen zwei Händedrücken irgendwo in einem Hinterzimmer. Nicht vor laufenden Kameras oder auf Schlachtfeldern. Diesmal in Teslas Labor an der South Fifth Avenue, gleich oberhalb der Bleecker Street. Tesla zerreißt ohne eine Träne in den Augen den Zins-Vertrag, der da schon einen Wert von um die zwölf Millionen Dollar hat. Zerreißt damit Macht und Freiheit und macht sich lebenslänglich zum Forscher am Gängelband der Hochfinanz.

Was wäre wenn... Tesla auch noch ein Finanz- und Management-Genie gewesen wäre? Und die Erde vermittels finanzieller Macht ins Paradies hätte zwingen können? Der Fallstrick, der die Erde zum Taumeln brachte und bringt, ist erstens das Geld, und zweitens die Antipathie von Geist und Geld. Geist sinniert ohne die Macht zur Verwirklichung; Geld regiert, und das vermittels Leuten, die im Kopf nur Banknoten zu haben scheinen.

Der Turmbau zum Paradies

Wenn Tesla Millionär gewesen wäre, hätte er seinen Turmbau, der die Menschheit befreien sollte, vollenden können. Leider fehlten ihm ein paar zehntausend Dollar, und die vereinigte Geldwelt hatte Devise ausgegeben, ihm keinen Cent mehr dafür zu geben. Tesla drohte nämlich die Kuh zu schlachten, die die Elektrizitätsbarone noch bis zum heutigen Tag weiter melken wollten.

Für Tesla war der Wechselstrom nicht mehr als ein Heftpflaster auf einen schlimmen Beinbruch gewesen. Eine Notmaßnahme, um ein dringendes

Bedürfnis der Erde zu überbrücken. Heilen wollte er den Beinbruch mit Energie, die wie erwähnt nichts kosten sollte und in unvorstellbaren Mengen überall in der Luft vorhanden war – und stets noch ist.

1899 verbrachte er ein volles Jahr in der klaren, vor Elektrizität knisternden Höhenluft von Colorado Springs.

Der Mann, der schon ganz Manhattan zum Erdbeben gebracht hatte (mit einem kleinen Oszillator in seinem Hotelzimmer), und der kühn behauptete, mit einem größeren Gerät die Erde mittendurch spalten zu können, spielte auf der Ebene am Fuße der Rocky Mountains Wettergott. Über 40 Meter hohe Blitz-Fontänen stiegen in den Nachthimmel auf, und das Donnergrollen weckte noch 23 Kilometer weit weg die Leute aus ihrem Schlaf. Einmal ließen die hundert Millionen Volt starken „künstlichen" Energie-Entladungen das Elektrizitätswerk von Colorado Springs niederbrennen. Kühne Entdeckungen fordern halt manchmal kleine Opfer. Und Tesla war dabei, die kühnste seines Lebens zu machen. Man weiß wenig Genaues darüber.

Ein Teil seiner Skizzen und Erklärungen ist vermutlich im Safe John Pierpont Morgans verschwunden, um den Rest rissen sich die internationalen Geheimdienste nach Teslas Tod im Januar 1943. Gewisse amerikanische Wissenschaftler behaupten heute, die UdSSR führe mit Teslas „Extra Low Frequency"-Wellen Wetterkrieg. Gewisse europäische Wissenschaftler behaupten, mit SDI versuche die USA nun unter Milliardenaufwand noch zu verwirklichen, was sie in ähnlicher Form vor über fünfzig Jahren von Tesla abgelehnt habe. Damals, 1935 nämlich, bot Nikola Tesla den Regierungen der USA und Großbritanniens das Konzept seiner „Anti-Kriegs-Maschine" an – ein Vorhang aus Partikelstrahlen, die jedes Land absolut sicher eingehüllt hätte, weil jedes feindliche Geschoß auf einer Entfernung von 200 Meilen vernichtet worden wäre.

Über seine geheimnisvolle Energie, die er nur mit einer kleinen Antenne plus Empfängergerät „anzapfen" wollte, heißt es heute, sie sei weder elektrischer noch magnetischer Natur gewesen und vermutlich das, was heute als „Tachyonen-Energie" ebenso eifrig erforscht wie auch abgeblockt wird. John O'Neill's Erläuterung in seinem Buch über Tesla läßt eher den Eindruck aufkommen, Tesla habe die Erde zu einem gigantischen Dynamo umfunktionieren wollen. „Mit der Erdverbindung elektrischer Schwingungen ist eine Energiequelle zu allen Punkten der Erde geschaffen. Mit einem einfachen Apparat kann diese verfügbar gemacht werden. Er sieht einem Radiogerät ähnlich, hat einen Erdanschluß und eine metallene Rute (Antenne) auf dem Dach. Diese würde an jedem Punkt der Erde von den durch Tesla Oszillatoren hervorgerufen und zwischen dem elektrischen

Nord- und Südpol hin- und hereilenden Wellen Energie aufnehmen. Damit würde keine andere Ausrüstung benötigt, um Wohnhäuser, welche mit Teslas einfachen Vakuum-Röhren-Lampen ausgerüstet sind, mit Licht und Heizung zu versorgen."

John Pierpont Morgan waren Teslas Colorado-Endeckungen jedenfalls 150 000 Dollar wert. Tesla steckte sie in seinen nie vollendeten Turmbau zu Wardenclyffe auf Long Island. Sechzig Meter hoch hätte er bei Vollendung wie ein riesiger Pilz aus Disneylands „Electrical Parade" ausgesehen: Mit einer Kappe als Kupferelektrode von dreißig Meter Durchmesser.

Daß Nikola Tesla mit diesem Turm sein „World Wireless System" (Weltdrahtloses System) testen wollte, hatte Morgans geldgieriger Verstand nur zum Teil begriffen. Ihn lockte die Aussicht, in Besitz sämtlicher Patente zur drahtlosen Signalübertragung zu kommen. Dem, was heute gemeinhin Radio genannt wird, ist ein „Abfallprodukt" von Teslas Forschung zur drahtlosen Energieübertragung und im Gegensatz zu dieser heute bis in die entlegendste Oase verbreitet. Damit, dies sah Morgan voraus, ließ sich ungeheuer viel Geld machen.

Vermutlich ist Marchese Guglielmo Marconi mitschuldig am Wardenclyffe-Debakel. Der schlaue Italiener hatte sehr unaristokratisch Tesla beschwatzt, sich als Bewunderer und Schüler ausgegeben und wenig später einen Apparat zum Patent anmelden lassen, der als erstes Radio in die Geschichte einging und nur dank 17 Tesla-Patenten zusammengebastelt werden konnte. Erst kurz nach Teslas Tod erkannte der Oberste Amerikanische Gerichtshof an, daß nicht Marconi, sondern Tesla zusammen mit zwei weiteren Wissenschaftlern als Vater des Radios zu gelten hat.

John Pierpont Morgan sah nur, daß er Geld in einen weltfremden Techno-Träumer gesteckt hatte, und nun die erwarteten Patente wenn schon teuer von diesem Italiener erkaufen mußte. Was nicht gerade zur Besserung seiner Laune beitrug.

Und nun warf sich Tesla doch tatsächlich einem hungrigen Löwen vor den Rachen – und er erbat, sich von ihm auch noch etwas Fleisch. Nein, John Pierpont Morgan hat Nikola Tesla nicht gefressen. Er hat ihm nur die Pläne zu jener Erfindung abgenommen, die die Welt vor dem Sündenfall retten sollte.

Die Menschheit wählt den Weg zum Abgrund

Drüben, auf dem alten Kontinent, in Paris genauer, forschte man etwa zur gleichen Zeit, wie Tesla der Welt seine reine Natur-Energie verehren wollte, an der Zertrümmerung des Atomkerns. Und die Welt stand wirklich am

Kreuzweg. Denn, Nikola Tesla erkannte es hellgesichtig und folgerichtig: „Eine Energie, die durch Zerstörung von Naturelementen erzeugt wird, ist ein Verbrechen gegen die Natur und wird eines Tages zur Katastrophe führen.“ Seine Energie, sagte er, sei saubere Energie: „Wenn wir uns gegen ihre Anwendung entscheiden, wird uns die Zukunft schuldig sprechen. Um die Erde liegt ein Energiefeld. Es reicht bis zur äußersten Hülle, bis zur Ionosphäre. Diese Energie produziert die See. Der Wind. Dazu kommt die Sonnenenergie. Sie ist ständig vorhanden, ohne daß wir etwas verbrennen oder zerstören müssen. Wir können daraus in unbegrenzter Qualität unseren Bedarf decken. Ich habe bewiesen, daß es möglich ist. Wir müssen es nur noch in die Praxis umsetzen.“

Doch sein Plädoyer – letztlich für das Überleben des Planeten – findet an der geldzersetzten Stumpfheit Morgans kein Echo. Nun endlich hat dieser erfaßt, daß Tesla den Geist aus der Flasche lassen will, der dem Energie-Jahrhundertgeschäft ein vorzeitiges Ende bereiten würde. Morgan denkt nicht daran, auf Energie, bei der man durch komplizierte Erzeugungs- und Übertragungssysteme Milliarden verdienen kann, zu verzichten. Da bliebe ihm ja nur noch der Bau und Verkauf dieser Antennen, aber die Kuh würde umsonsten gemolken.

„Ich bin kein Wohltätigkeitsinstitut“, sagt er zu seinem Sekretär und weist ihn an, Tesla zu schreiben. „Schreiben Sie ihm, es sei im Moment noch zu früh. Wir lassen ihn wissen, wann es soweit ist.“

John Pierpont Morgan stirbt sieben Jahre später, im März 1913. Tesla lebt noch dreißig Jahre länger als er, erfindet den Radar und eine Turbine, die heute noch um 20 Prozent effizienter ist als die herkömmlichen, stößt mit seiner Anti-Kriegs-Maschine auf Ablehnung und stirbt am 7. Januar des Kriegsjahres 1943. Einsam, mittellos, beinahe vergessen. Die Welt jubelt Albert Einstein zu und bald einmal J. Robert Oppenheimer, dem nekrophilen „Vater“ der ersten Atombombe. 941 Tage dauert es noch bis Hiroshima, und 15 813 Tage bis Tschernobyl. Wie lange es noch geht, bis die Erde am Tor des Hades anklopft, wird leider kein Chronist mehr festhalten können. Die Welt jedenfalls wartet immer noch – auf den Tod oder auf Teslas reine Äther-Energie, die sie wohl auch heute noch vor dem Untergang bewahren könnte. Wenn die Politiker, die Militärs und die Geld- und Energieregenten sich umbesinnten, der Menschheit Teslas Entdeckungen zugänglich zu machen.

(Entnommen aus dem Schweizer Journal Franz Weber, verfaßt von Ursula Spielmann)

Anhang

TESLA COIL BUILDERS ASSOCIATION
3 AMY LANE, QUEENSBURY, NY 12804
(518) 792-1003

TO ALL TESLA COIL ENTHUSIASTS; The TESLA COIL BUILDERS' ASSOCIATION was formed in 1982 to fulfill an urgent need for a source of information on the construction, function, and theoretical analysis of the Tesla coil. The membership ranges from young junior/senior high school students to electrical engineers. Our oldest associates are in their 80's. The common bond among the members is a desire to either learn about the Tesla coil or a willingness to teach others about this amazing device.

PROGRAM: TCBA issues a quarterly newsletter devoted to the construction, operation, and theoretical analysis of the Tesla coil. Each issue consists of 18 numbered pages plus an illustrated cover. The following titles are typical of the subject matter covered in TCBA NEWS.

1. **BALL LIGHTNING EXPERIMENTS:** We now know how Tesla created ball lightning and show you how to duplicate Tesla's experiments with home made equipment of modest size and power.

2. **HIGH VOLTAGE EXPERIMENT:** The University of California experiment with a huge Tesla coil giving off 11' discharges.
3. **PRECISE MEASUREMENTS OF OUTPUT POTENTIALS:** An electrical engineer tells how you can determine the voltage of a Tesla coil.
4. **COEFFICIENT OF COUPLING:** Extremely valuable data on how to properly couple the primary and secondary coils to produce maximum potential.
5. **MEMBERSHIP ACTIVITY:** Articles describing projects built by TCBA members.
6. **TESLA COILS RESURRECTED:** Articles culled from old time publications dating back to the turn of the century.
7. **EXPERIMENTS:** A series of essays covering many of the experiments possible with high frequencies at high voltage. Lighting unconnected bulbs and producing sparks from the fingertips are but a few of the exciting types of experiments possible.
8. **PRINCIPLES OF TESLA COIL CONSTRUCTION:** A series of articles by our staff and members which cover the many aspects of Tesla coil construction including valuable tips and shortcuts.
9. **INPUT-OUTPUT:** A give-and-take column in which members express their opinions, agree or disagree with someone's opinion, request information, etc.
10. **LETTERS:** We print letters, comments, etc., from our members who wish to express their thoughts regarding TCBA.
11. **ADVERTISING:** A page for buying, selling, and trading as well as tips on where to find materials for building a Tesla coil.
12. **NIKOLA TESLA:** Articles from the past and present (both historical and controversial) regarding Nikola Tesla's contributions to history, his personal views, and the views of those who knew him.

COST: The cost of a 4-issue subscription to TCBA NEWS is ~~$24 (o~~ $40 US Dollars verseas rates higher). A student in the junior-senior high school may purchase a subscription for $12 (USA only). Student status must be substantiated by a school teacher or principal (on official school stationery). The newsletter is sent by 1st class mail in a sturdy 9 X 12" envelope. To become affiliated, fill in the application form below (please print or type) and send your check or money order payable to Harry Goldman at the address on the top of this page.

CUT HERE--CUT HERE

NAME AND ADDRESS (phone optional)	Use this space to introduce yourself, your hobbies, experience with coils

Please indicate who or what influenced you to join TCBA.

RESONANCE RESEARCH INC.

High Performance Instruments
For High Performance Museums

E11870 Shadylane Rd.
Baraboo, WI 53913
(608) 356-3647

Dear Mr. Wahl:

Thank you for your interest in the Resonance Research line of high performance instruments for high performance museums.

I am enclosing some photographs and written data describing our products and services. We also have a videotape illustrating all of our products in operation. The videotape is entitled, "Resonance Research Product Demonstration Videotape". This tape costs $10.00, and the cost to ship it to a foreign country is approximately $42.00. The total cost with shipping would be $52.00 in US funds. This cost may be completely deducted from any order entered for products.

To discuss package plans and pricing on any of our products please feel free to telephone me at your convenience.

I trust this information will be of assistance. Thanking you for your time and kind consideration, I remain, ...

Yours truly,

D.C. Cox
Pres.

DCC:mwg
enclosures

HIGH PERFORMANCE INSTRUMENTS FOR HIGH PERFORMANCE MUSEUMS

Van de Graff Generators

HV-400F	400,000 volt output Frictional excitation. Least expensive model for small museums on a tight budget.	6-8 in. spark
HV-400E	400,000 volt output External excitation produces excellent output even in humid environments.	8-10 in. spark
HV-800	800,000 volt output Standard museum model. May be operated hands on or using demonstrators to do a show.	26-28 in. spark
HV-1200	1.2 million volt output Spectacular performance from a large museum model. May be operated as a hands-on demo.	40 in. spark
HV-2000	2 million volt output Our most spectacular model. Close simulation to real lightning discharges.	5-6 ft. spark

RESONANCE RESEARCH INC.

High Voltage Engineering Consultants

E11870 Shady Lane Road • Baraboo, Wisconsin 53913 • (608) 356-3647

HIGH PERFORMANCE INSTRUMENTS FOR HIGH PERFORMANCE MUSEUMS

Resonance Transformers

M-20	250,000 volt output Demonstrator stands in pan directly atop secondary coil.	1 1/2 ft. spark
M-100	750,000 volt output Hands-on or demonstrator operated.	4 1/2 ft. spark
M-150	1 1/2 million volt output Standard museum model.	7-8 ft. spark
M-200	3 million volt output Hands-on or demonstrator operated.	12-13 ft. spark
M-500	6 million volt output Our most spectacular machine for mounting as a central display unit in a large hall.	30 ft. spark
TM-150	3 million volt output Two units operated in tandem to produce a long spark in areas with limited ceiling height.	16 ft. spark
TM-700	6 million volt output Our most spectacular tandem system for creating powerful displays with limited ceiling height.	30 ft. spark

TESLA COILS AND ACCESSORIES

FOR SCHOOL, HOBBIEST, LABORATORY, SPECIAL DISPLAY, EXPERIMENTER

Tesla Coils - The spectacular and highly visible effect produced by these devices has been the subject of controversy for years. The high frequency high voltage energy produced possesses qualities unlike conventional electricity. It defies most insulation material, transmits energy without wires, produces heat, light and noise yet harmlessly passes through human tissue with virtually no feeling or shocking effects. Much research, money and effort was dedicated to research and actual construction of similar large devices capable of producing 200 foot lightning bolts and lighting lights 25 miles away. Nicholai Tesla was the originator of this research and was often thought of as a charlatan. As more progress was made in the electrical sciences it was soon realized that he was indeed responsible for many advances in development in energy production. He has now been credited with many advances and original techniques in the electrical sciences. His main theory, however, is still very much in question and many dedicated groups are hopeful in obtaining some break that will resurrect it. The tesla coil is the basis for this questionable research and never ceases to amaze all those who come in contact with its highly visual and audible effect.

CAUTION - **Faraday cages necessary when operating near computers or other sensitive electrical equipment.**

Easy-to-Build

Table Top Tesla Coil

Produces 10-14" Visible Lightning-like Discharges
Photo shows optional toroid terminal

FEATURED IN SCIENCE MECHANICS

Plans show how to construct a high voltage, high frequency, source of electrical power capable of producing weird and bizarre effects on certain materials causing them to **glow, disintegrate, burn,** etc., when exposed to this energy. This amazing device will cause a regular household fluorescent lamp to light at a considerable distance **without any connecting wires.** The operator can demonstrate high voltage, high frequency electricity jumping from the output terminal **to his hand** while securely grasping a conductive object creating quite a conversation piece. Many spectacular experiments are possible with this device. It is built with flexible adjustments for the experimenter who wishes to explore the effect of these different settings and values. Care should be taken with this device as with any other high voltage apparatus. The unit also can be used for exciting all types of **gas discharge tubes, plucker tubes,** etc. It demonstrates **corona, St. Elmo's Fire** and effect of high voltage, high frequency on many different types of materials. On a dry day with the device properly adjusted, it is possible to produce **sparks 10" to 14" in length.**

BTC3 Plans .... $ 10.00
BTC3K Kit /Plans $249.50
BTC30 Assembled & Tested $349.50
BTC3COIL Prewound Secondary .... $ 49.50
6K/20 6KV 20 ma Transformer .... $ 54.50
.005 M/20KV Special H1Q Capacitor .... $ 49.50
TO8-Optional 8: Toroid Terminal .... $ 69.50

WORLD'S SMALLEST TESLA COIL

Produces 50 to 75,000 volts of lightning-like discharges capable of generating "plasma in a jar", St. Elmo's Fire, corona or being just an excellent conversation piece. Unit contains power control and discharge terminal. Excellent lab, or science project.

BTC1 Plans .... $7.00 BTC1K Kit/Plans $49.50
BTC10 Asmbld & Tstd 115 VAC Pwrd Unit Requires Caution . . $69.50

Tesla Coil Tuner - This handy little gadget is a must for those who are into designing and building high frequency, high voltage TESLA COILS. Simple device enables one to determine the resonant frequency and capacitance of a coil without physical contact.

TCT30 Laboratory Assembled & Tested $79.50

Faraday Cage necessary for operating larger tesla coils when near sensitive equipment.

FAR1 Plans $6.00

DANGER High Voltage: **Warning - Caution**

Please note the following devices are high energy electrical and therefore require **caution** in operation. Even though the output of the secondary circuits does not have the shocking capability that the equivalent energy at DC and powerline frequency does, it can produce **serious burns.** However, the primary circuits of the large devices are **extremely hazardous.** We offer the similar BTC3 unit as a kit and assembled item due to our inability to control whose hands the large units may fall into. **We do, however, offer the components for the larger coils but insist that the builder attempting these projects initially purchase the plans.**

Medium Power Tesla Coil

Intended for Special Display Experiments Produces Intense Discharges! USES DANGEROUS HIGH VOLTAGES

Truncated secondary with adjustable coupling. Multi-terminal spark gap with RF suppression. Shows discharge probe and 12" torodial output terminal. Remote control jack and power control adjustment.

BTC4 Plans $15.00

Specialized Parts For Above

.01 M/30KV Special H1Q Capacitor .... $ 79.50
10K/50 10KV 50ma Transformer .... $ 99.50
TO12 12x3 Toroid .... $ 99.50
BTC4 Coil Prewound Secondary .... $ 89.50

HIGH POWER TESLA COIL (See Front Cover)

Ideal for special effects, advertising, attention-getting, advanced laboratory studies, and the hobbyist familiar with the use of high voltage. Unit stands about 5 feet high when complete and produces **5 to 7 foot sparks. Uses Dangerous HIGH VOLTAGES.**

BTC5 Plans 1 million volts .... $ 20.00

Specialized Parts For Above

.1/40KV H1Q Capacitor Special $269.50
10KV 400ma Current LTD Transformer .... Price on request

Our TCC7 Collection Of Engineering Designs

Describes several tesla coils ranging in sizes up to several million volts. Intended for the experienced hobbiest. **TCC7 .... $25.00**

INFORMATION UNLIMITED P.O. BOX 716 AMHERST, NH 03031 ORDERS: 800-221-1705

TESLA COIL BUILDERS ASSOCIATION NEWS ™

COVER PAGE

BTC4 30" SPARK TESLA COIL

20 TO 30 " DISCHARGES

BTCCOV

Power Enough For Most R&D Experiments

Kit Includes Wound Coil

Air Cooled 2 Gap Spark Switch With Optional Tungsten Electrodes

Optional 12 x 3 Spun Aluminum Toroid

Size - 30" H x 14" SQ

Weight - 60 LBS

115V/5Amps AC

TOROID TERMINAL OPTIONAL

UNIT IS LABELED "DANGEROUS"

CAUTION — PLEASE READ ALL INSTRUCTIONS BEFORE OPERATING

- ★ DO NOT OPERATE NEAR PACE MAKER
- ★ DO NOT OPERATE NEAR COMPUTERS OR SENSITIVE EQUIPMENT
- ★ DO NOT OPERATE IN EXPLOSIVE ATMOSPHERE
- ★ REMOVE POWER PLUG BEFORE DISASSEMBLING
- ★ ALWAYS STAND ON A DRY WOODEN FLOOR WHEN USING
- ★ DO NOT OPERATE FOR MORE THAN 30 SEC AS UNIT PRODUCES OZONE AND REQUIRFS ADEQUATE VENTILATION
- ★ MAY REQUIRE USE OF A FARADAY SHEILD WHEN USED NEAR SENSITIVE ELECTRONIC EQUIPMENT
- ★ OPTIMUM OUTPUT REQUIRES CAREFUL SELECTION OF PRIMARY TAP AS NOTED IN INSTRUCTIONS

DANGER

HIGH VOLTAGE

ADULT SUPERVISION POSITIVELY REQUIRED

BTC4 Plans..$20.00
BTC4K Kit/Plans...$799.50
BTC4VID Video of Setup and Operation......$25.00
BTC40 Assembled on Request

REV1297

INFORMATION UNLIMITED
PO BOX 716
AMHERST.N.H. 03031

24 Hr Orders Only 1800 221 1705 or FAX it to 1603 672 5406
Tech Help 9-12AM 1 603 673 4730
Visit Us On The WEB http://www.amazing1.com
We Accept MC,VISA,COD Or Prepay. Please Add $5.00 S&H

Firma
Matronic
Hochspannungskondensatoren +
Transformatoren
Scharnhorst Str. 8
86165 Augsburg
Tel.: 08 21/79 11 69

Firma
Oppermann
Elektronische Bauelemente
Postfach 1144
31593 Steyerberg
Tel.: 0 57 64 / 21 49

Firma
Helmut Singer Elektronik
Im Feldchen 16
52070 Aachen
Tel.: 02 41 / 15 53 15

Firma
Bürklin
Schillerstraße 40
D-80336 München
Tel.: 089 / 55 87 50

Firma
Strixner + Holzinger
Halbleitervertrieb GmbH
Schillerstraße 25-29
D-80336 München
Tel.: 089 / 55 16 50

Firma
RS-Components
Nordendstraße 72
D-64546 Mörfelden-Walldorf
Tel.: 0 61 05 / 401-234

Andy's Funkladen
Admiralstraße 119
D-28215 Bremen
Tel.: 04 21 / 35 30 60

Von allen Firmen können umfangreiche Kataloge angefordert werden.

Literaturhinweise:

G. Wahl: Blitz und Donner, selbst erzeugt. Tesla-ähnliche Versuche mit künstlichen Blitzen, Krieg der Sterne. Kopie über den Autor beziehbar.

G. Wahl: Minispione-Schaltungstechnik, Bd. 3. Laser-Abhöranlage, VHF/UHF-Minispione, Telefon-Minispione, Microfernsteuersender und -Empfänger, Minispione-Aufspürgeräte, Plasma- und Laserguns. Verlag für Technik und Handwerk, Baden-Baden (Telefon: 0 72 21/50 87 22).

Bezugshinweis: 40 kV-Mini-Teslagenerator (115 x 100 x 40 mm) entsprechend Abb. unten zu DM 198,- über den Autor.

Anschrift des Autors:
Günter Wahl
Bahnhofstr. 26
86150 Augsburg
Tel.: 08 21/15 35 28
Handy: 01 72/8 20 12 73

Notizen

Notizen

Notizen

Notizen

Abb. 36: Tesla-Generator in Betrieb (der Totenkopf ist nur ein Gag u. soll keineswegs eine Gefahr durch Hochspannung signalisieren)

Abb. 37: Tesla-Generator der US-Firma Information, Unlimited in Betrieb

Abb. 37a: Ein Mensch als lebendige Elektrode

Abb. 38: Neon- bzw. Leuchtstofflampen strahlen ohne Drahtanschluß im Energiefeld

Abb. 39: Die Finger sind mit Fingerhüten gegen Verbrennungen geschützt

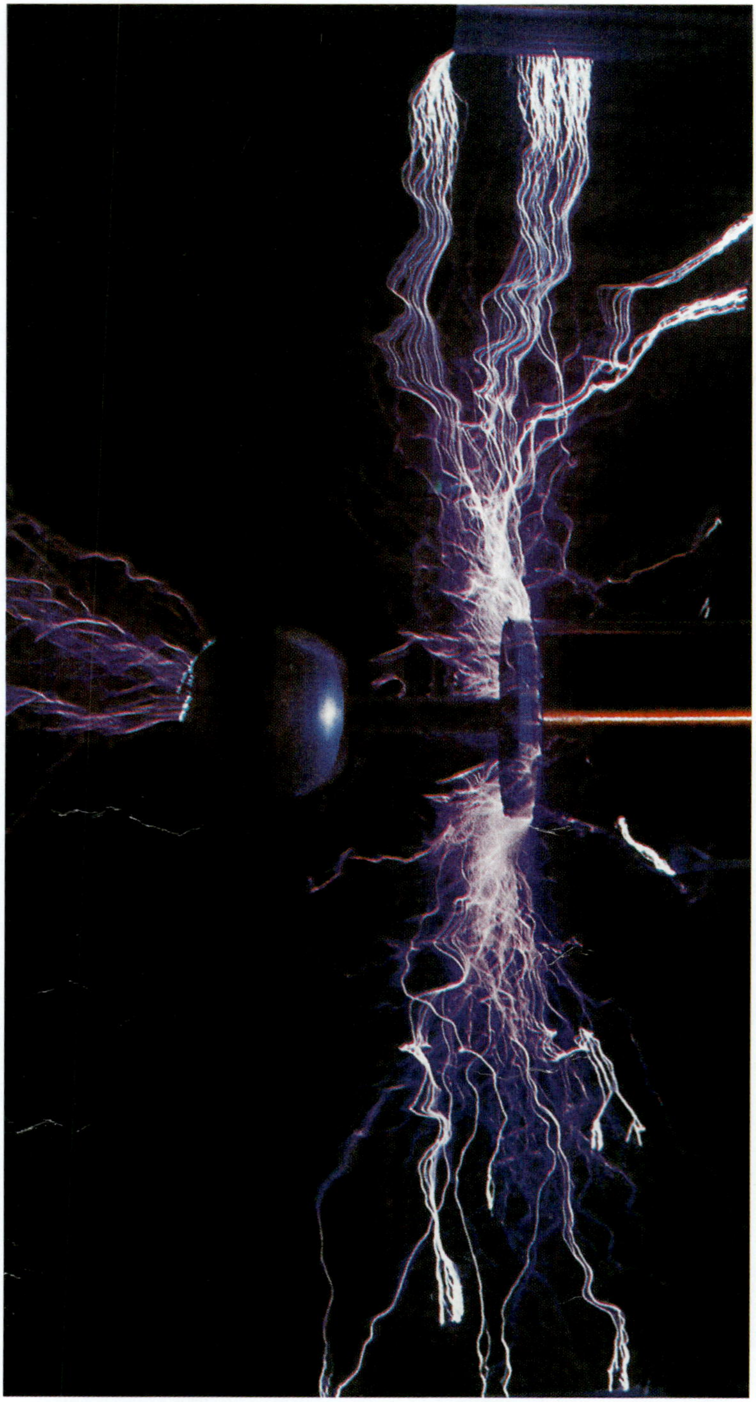

Abb. 40: Funkengewitter einer grossen Teslaspule

Abb. 41: High Power-Teslaspulen betrachtet man besser aus dem Faradayschen Käfig heraus

Abb. 42: Gewaltige Energien werden frei

Abb. 43: Teslaspule mit Ringelektrode

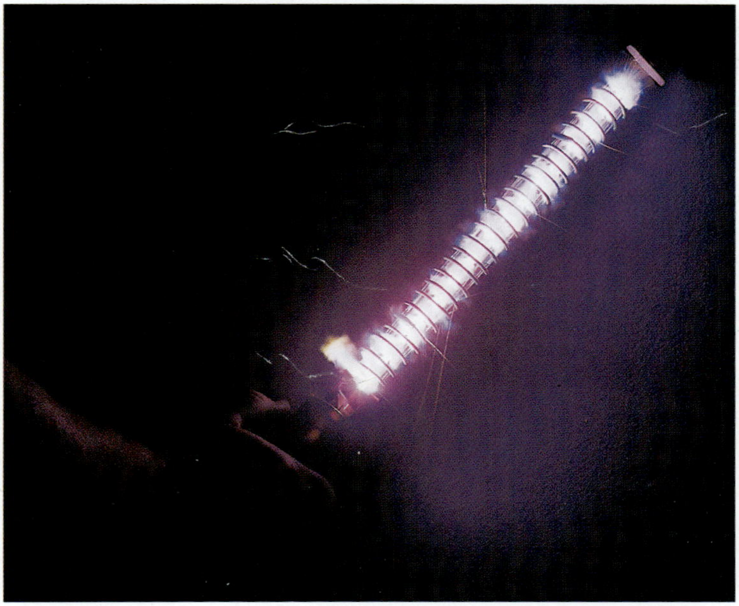

Abb. 43a: Plasma-Blitzschwert aus dem Buch „Blitz und Donner selbst erzeugt“

Abb. 43b: Plasmoiden-Blitz aus dem Buch „Blitz und Donner, selbst erzeugt“

Abb. 44: Eintritt in die 4. Dimension mittels Plasmageneratoren